丘成桐中学数学奖
推荐参考书

趣味密码术与密写术

Codes, Ciphers and Secret Writing

■ M. 加德纳　著
■ 王善平　　译

高等教育出版社
Higher Education Press

图书在版编目（CIP）数据

趣味密码术与密写术 /（美）加德纳（Gardner, M.）著；
王善平译.—北京：高等教育出版社，2008.10（2017.12 重印）
书名原文：Codes, Ciphers and Secret Writing
ISBN 978-7-04-025383-2
Ⅰ.趣... Ⅱ.①加...②王... Ⅲ.密码—研究 Ⅳ.TN918

中国版本图书馆 CIP 数据核字（2008）第 143180 号

Translation from the English language edition:
Codes,Ciphers and Secret Writing by Martin Gardner.

策划编辑 李 鹏　　责任编辑 李 鹏　　封面设计 王凌波
责任校对 杨凤玲　　责任印制 耿 轩

出版发行 高等教育出版社
社　　址 北京市西城区德外大街 4 号
邮政编码 100120
印　　刷 北京七色印务有限公司
开　　本 889 × 1194　1/32
印　　张 3.5
字　　数 70 000
购书热线 010 − 58581118
咨询电话 400 − 810 − 0598
网　　址 http://www.hep.edu.cn
　　　　 http://www.hep.com.cn
网上订购 http://www.landraco.com
　　　　 http://www.landraco.com.cn
版　　次 2008 年 10 月第 1 版
印　　次 2017 年 12 月第 5 次印刷
定　　价 15.00 元

物 料 号　25383 − 00

丛书序

任何科技发展都不能缺乏数学作为根基,数学在科技年代,地位日益重要.而教育的目的不仅要学生懂得书本上介绍的基本知识,也需要培养学生应变、创新和领导的能力.学习基本知识可以在不断的考试中磨炼出来,我想这方面中国的学生在考试里面磨炼不少了,至于应变、创新和领导能力,恐怕单从考试是不够的.为激发全球华人青少年对数学的兴趣,提升他们的学术水平,并及早发掘与培养全世界的华人数学英才,由我和泰康人寿保险股份有限公司共同主办的“丘成桐中学数学奖”竞赛于 2008 年在北京正式启动.第一届“丘成桐中学数学奖”颁奖仪式定于 2008 年 10 月 24 日在北京举行,届时,美国哈佛大学、布朗大学、斯坦福大学等名校的本科招生主任将会出席仪式,并面试部分获奖学生.

为了配合这项活动,我们精心挑选了国外一批著名的数学科普读物,由高等教育出版社组织翻译并以丛书的形式出版. 这套丛书作为“丘成桐中学数学奖”的重要参考材料,涵盖了数学的各个分支学科,集知识性、趣味性于一体,对促进中学生的思维和创新能力都有很大的帮助. 希望同学们能从中汲取知识,开阔视野,在比赛中取得优异的成绩.

丘成桐 (Shing-Tung Yau)

2008 年 8 月

引 言

密码术 (cryptography, 也称为密码学) 是关于用密码写信文和解密码信文的技术和学问. 翻开任何国家的历史, 总能看到密码术——或者是其他形式的密写技术——在其中起着至关重要的作用. 时至今日, 情况仍然如此. 在我们这个疯狂的世界里, 政府和间谍们必须使用加密方法来传送特别的信息. 各大国同样必须设立由密码分析专家组成的专门机构, 这些专家们坐在电子计算机前, 夜以继日地工作, 试图破解其他国家使用的密码. 有关密码分析的历史太吸引人了 (正如戴维 · 卡恩 (David Kahn) 在他的大部头著作《 密码破解者 》(*The Codebreakers*) 中所精彩描述的那样), 其中充满了戏剧性的事件: 帝国和政治领袖的命运系于一小群专门从事于破解字谜这一古老而有趣行当的专家们工作的成败.

我说 "一小群", 是因为在古代这种破解密码的工作往往只由几位密码分析专家来完成, 有时甚至就一个人. 如今, 破解密码已经成为一个人数众多且发展迅速的职业. 没有人能准确地知道, 在美国有多少人在从事这种工作. 但他们肯定有好几万人, 而且每年要花费掉 10 多亿美元. 在第二次世界大战中, 仅在英国就有 3 万人被指派做此工作. 破解密码可能是美国政府收集情报的最可靠的方法.

1942 年美国海军在中途岛取得了一场伟大的胜利, 其直接原因是由于美军已经破解了日本人的 "紫色" 密码机[①]; 本书第五章将介绍这一破解密码的出色业绩. 在同一场战争中, 1943 年德国的 U 潜艇不断地击沉盟国的船只, 是因为德国人已经破译了英国商船使用的密码. 直到后来美英两国的密码专家破解了德国潜艇使用的密码, 局面才得以扭转.

在第一次世界大战期间破译的一份密件曾经在近代史上产生了最重要的影响. 1917 年, 德国外交部长亚瑟 · 齐默曼给墨西哥政府发了一份电报, 他使用了代号为 0075 的外交密码. 电报中他声称德国计划将进行无限制的潜艇战. 如果美国介入战争, 电文继续说, 德国将承诺把 [美国的] 亚利桑纳州、得克萨斯州和新墨西哥州划给墨西哥, 只要墨西哥同意参加对美国作战. 这

[①]作者在此的叙述有误. 事实上, 美国海军取得中途岛战役的胜利是因为破译了日本海军使用的 JN-25 密码, 并非是破译了日本外交官使用的 "紫色" 密码. 详见第五章中有关说明.——译注

份电报被英国情报部门截获并破译,然后交给了当时的美国总统伍德罗 · 威尔逊.

美国在此之前并不愿意介入战争. 但是齐默曼电报令国会和公众极为愤怒, 于是美国向德国宣战了. 如果当时不这样做, 德国人很可能会赢得那场战争. 卡恩写道: “从来没有一次破译密信的成功, 导致产生如此大的转折.”

对于密码术感兴趣的, 并不仅限于政府和职业间谍. 每个人都想保有自己的秘密, 显然这就是有那么多的年轻人喜欢收发密码信件的原因, 即使那些信件中并不含有什么特别的秘密. 密码信件对于加密者和解密者来说都是一种乐趣, 但如果能够破解别人的密码那就更有趣了. 如果您属于一个秘密俱乐部, 您和您的朋友可能会需要使用本书所介绍的某种加密方法来进行相互之间的通信. 如果您在写日记, 您可能为了防止别人偷看而要使用密码.

许多名人在写日记时, 全部或部分使用密码. 弗兰克林 · 德拉诺 · 罗斯福 (Franklin Delano Roosevelt, 1882—1945)[1] 在 21 岁时写的日记中, 有 4 篇是用密码写的. 1971 年, 这些加密日记首次交到了几位密码专家的手中, 他们毫不费事地破解了它们. 这其实是一种简单的替换加密方法: 用数字替换元音, 用另外一些符号替换辅音. 破译是如此的容易, 以致有人觉得奇怪, 罗斯福搞这么简单的加密究竟有何意义?

[1] 1933—1945年任美国总统.——译注

如果您既聪明又勤奋, 那您也能学会如何破解密码. 如今, 破译替换加密的信文已成为一种很受欢迎的字谜游戏, 有足够多的爱好者在热衷于破解每天刊登在美国几百种报纸上的 "密文". 甚至有一个 "全美密文协会" (American Cryptogram Association), 它出版一份双月刊, 刊名就叫《密文》(*The Cryptogram*). (如果您想订阅, 可写信给他们的财务主管, 地址是: 密苏里州墨西哥市西门罗大街 604 号, 邮编 65265.) 我们将在第三章中为您介绍破解替换密码的奇妙艺术.

然而, 本书的主要目的是要教会您如何使用从古至今所发明的最重要的密码方法, 以及其他的保密通信方法. 本书末尾选列了一些参考书, 这些书将会进一步介绍有关加密和破解别人密码的非凡技术.

我在此衷心地感谢小戴维 · 埃森德拉兹 (David B. Eisendrath, Jr.), 他提供了许多绝妙的建议, 已被我采纳于第六章中. 还要感谢戴维 · 卡恩, 他所写的《密码破解者》是本书的主要信息来源.

马丁 · 加德纳

目　录

第一章　易学易用的换位加密术

换位加密并不改变原信文的任何字母 (密码专家把未加密的原文称为 “明文” (plaintext), 但我们将简单地称之为 “信文” (message)). 它只是按照某个保密的规则把字母重排, 使得任何知道该规则的人都能够把字母放回原来的位置而读懂信文.

最简单的换位加密只是把信文回写. 如

AGENT 427 IS ON HIS WAY (间谍 427 正在路上)

回写就成了 YAW SIH NO SI 724 TNEGA. 如果信文本身正好是一段 “回文” (palindrome)—— 顺着读倒着读都一样的句子——那么信文回写后的字母顺序完全不变. 如

PULL UP IF I PULL UP (拉起, 如果我拉起)

和

TIS IVAN ON A VISIT (TIS IVAN 在访问).

不过, 真实的信文是不大可能出现这样情况的.

回写加密方法的主要问题在于, 它太容易被别人识破了. 如果您保持信文中词的顺序, 只是把其中每个词分别进行回写, 这样做会增加一点破解的难度, 但也不会太难. 以下介绍的换位加密方法要更好些, 而且也很容易记住和使用.

1　栅栏加密法 (The Rail Fence Cipher)

假设您要加密这样一段信文:

```
MEET ME TONIGHT
```

(今晚见我)

数一下其中字母的个数. 如果个数正好是 4 的倍数, 那么很好. 否则的话, 在信文的末尾补加足够的哑字母 (dummy letters), 使其字母个数正好为 4 的倍数. 在我们的例子中, 这段信文共有 13 个字母, 所以再加上 3 个哑字母 QXZ, 使总数达到 16. 这些哑字母叫做"空" (null). 等一下我们就会看到, 为什么要加上这些"空".

把信文中的字母写成一上一下的样子, 使它看上去就像铁路两旁的栅栏:

```
M E M T N G T X
 E T E O I H Q Z
```

把上面一行抄下来, 然后再抄下面一行. 我们就得

到:

M E M T N G T X E T E O I H Q Z

如果您把密文分成 4 个或 5 个字母一组, 这样加密和解密就会更简单更准确; 因为您在一组一组地写信文时较容易记住那么多的字母. 另外, 这也使 "敌人" 更难 "破解" 密文, 因为这里看不出词与词之间的间隔. 本书将采用 4 个字母一组的方法. 这就是要在上面的信文中加 3 个 "空" 的原因. 通过把字母数增加到 16 个, 我们可以保证密文中的最后一组有 4 个字母, 同其他组一样.

密文的最后形式将会是这样的:

MEMT　NGTX　ETEO　IHQZ

解密就像加密一样容易. 首先, 用一根竖线把整个密文对分:

MEMT　NGTX | ETEO　IHQZ

现在, 依次检出如下字母: 左半边第 1 个字母, 右半边第 1 个字母, 左半边第 2 个字母, 右半边第 2 个字母……这样一直下去, 就读出了原文. 末尾的三个 "空" 被忽略. 很容易猜到词与词之间的间隔在哪里.

如果您愿意, 您可以把栅栏加密的上下两行位置颠倒; 也可以把其中的一行顺写, 而另一行回写. 当然, 解密的过程也要作相应的改变, 您可以很容易地自己确定此过程.

另一种栅栏加密的变形是把它写成多行锯齿形. 例如, 一个 3 行栅栏加密的样子会是这样的:

```
M   M   N   T
 E T E O I H Q Z
  E   T   G   X
```

从而得到密文:

MMNT ETEO IHQZ ETGX

学习一种加密术的最好方法就是用它来解密一个实际的信文. 您会在本书各节之后看到一些 "谜语" 以及加密的答案, 只有通过解密才能看到答案. 请不要直接在书页上进行解密. 把答案密文抄在另外的纸上, 然后在那张纸上做所有的解密工作. 这样就不会损坏书, 因而也不会扫了下一位读者的兴致 (如果这是一本图书馆的书的话), 或让一个想向您借书的朋友感到无趣了.

谜语 1

What goes "Tee, he, he, he, he, plop!"? ("嘻, 他, 他, 他, 他, 扑落!" 发生了什么?)

AALU HNHS EDFY MNAG IGIH AOFZ

(这是一个用两行栅栏加密的密文. 读的顺序是从左到右.)

2 曲路加密法 (The Twisted Path Cipher)

这是用“字母置乱技术”(letter-scrambling technique)来改进栅栏加密法. 它需要使用一张矩形网格, 我们把它称之为“矩阵”(matrix), 就像是由空白方格组成的棋盘. 让我们取一段比前面稍长一点的信文作为例子:

MEET ME THURSDAY NIGHT
(周四晚见我)

这段信文有 19 个字母. 同前面一样, 我们要加上足够的“空”(这次只需加一个), 使之成为 4 的倍数. 因为有 20 个字母正好可使用一个 4×5 矩阵. 末尾带有哑字母 X 的这段信文写在这 20 个空格中, 按从左到右、从上到下的顺序:

M	E	E	T	M
E	T	H	U	R
S	D	A	Y	N
I	G	H	T	X

下一步是要沿着一条特定的路线走遍整个矩阵, 该路线的形状是所有要使用这种密码的人在事前商定的. 如果选定的路线是沿着第一行开始, 从左到右地水平行进, 这显然不好, 因为得到的密文就会以 MEET 起头, 很容易被认出是一个单词, 从而提供了破解您的密码体系的线索. 有一种好的路线, 称为“犁路”(plow path), 因为农民犁地时就是走这样的路, 本例中的犁路如下图

所示.

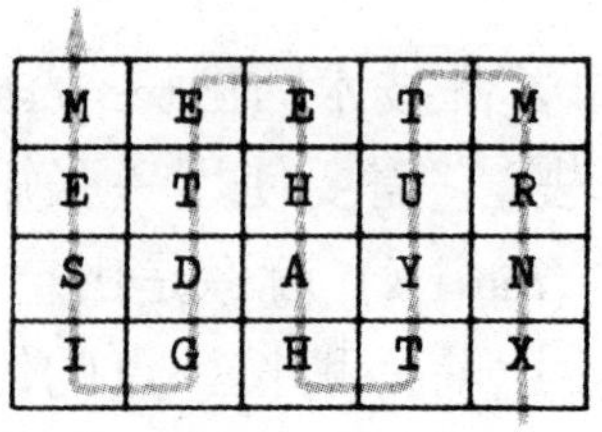

把这条路线上的字母依次抄下：从右边最底下的格子开始，然后沿着路线向上向左. 把得到的密文分为 4 个字母一组，结果如下：

XNRM TUYT HAHE ETDG ISEM

解密时，画一个 4 × 5 的空白格子矩阵，然后把密文中的字母依次写入这些格子. 第 1 个字母 X 写入右下角的格子，第二个字母 N 紧接着写入上面一格；沿着与加密时所用的同样"犁路"，继续写完所有的字母. 最后从第 1 行开始，从左到右逐行读出信文.

另一种好路线是螺旋路线. 您可以从任意的角上格子开始，向内旋转，顺时针或逆时针；也可以从某个中心格子开始，然后向外旋转，如下图所示：

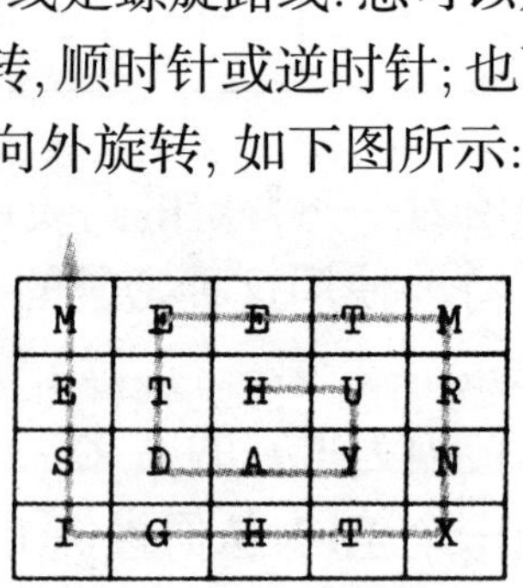

此螺旋产生了如下的密文：

HUYA　DTEE　TMRN　XTHG　ISEM

您如果想让密码更难破解,则可以结合使用两种不同的路线. 例如: 在矩阵方格中写信文时, 可以不采用从左到右逐行写的路线, 而是沿着一条犁路写; 然后沿着螺旋路线取字母得到密文. 解密时, 先沿着螺旋路线把密文写入, 然后沿着犁路读出信文.

当然, 您必须与每位收信者事先商定好所使用加密方法的全部细节, 包括矩阵的规格. 如果您希望每次加密信文所使用的矩阵之大小和形状有所变化, 则可在密文的开头加一数字以表示矩阵的高, 在末尾加另一数字以表示矩阵的宽. 不过, 这样做可能会给敌人提示: 您在使用矩阵置乱字母. 您可改用密写墨水 (见第六章) 把 "4-5" 写在信纸的角落上, 或在信文的第 4 和第 5 个字母头上加点, 还可以使用您自己发明的任何其他方法.

路线不必是连续的. 您可以按列行进, 从右到左, 从下到上. 也可采用间断或连续的对角路线. 比如说, 从下往上, 从左到右的对角路线:

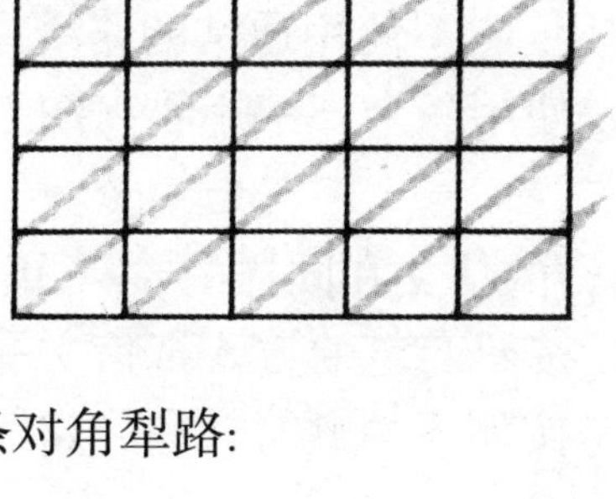

或走一条对角犁路:

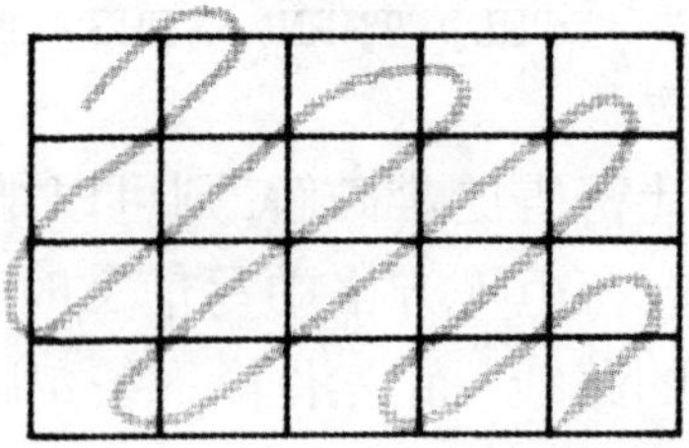

其实, 您可以采用您所喜爱的任何一种路线, 只要每位收发密文的人都准确地知道究竟在使用哪种路线.

谜语 2

What is gray, lives in a tree, and is terribly dangerous? (什么东西是灰色的, 生活在树上, 而且非常危险?)

INEG　UNHT　RIUQ　SARH　AMAC　IWLE

(答案填写在 4×6 矩阵中, 从左到右、从上到下; 然后用一条从左下角开始的逆时针螺旋路线加密.)

3　用密钥词置乱 (Scrambling with a Key Word)

这是上述换位加密方法的一种巧妙变形, 在历史上曾起到重要作用. 它不使用通常的路线, 无论是间断还是连续的; 而是使用一个 "密钥词", 来把矩阵的列完全弄乱.

我们用同样的信文和同样的 4×5 矩阵来解释其工作原理. 首先, 按照商定的方式把信文写入 20 个空格内. 我们假设是按如下的顺时针螺旋路线写入的:

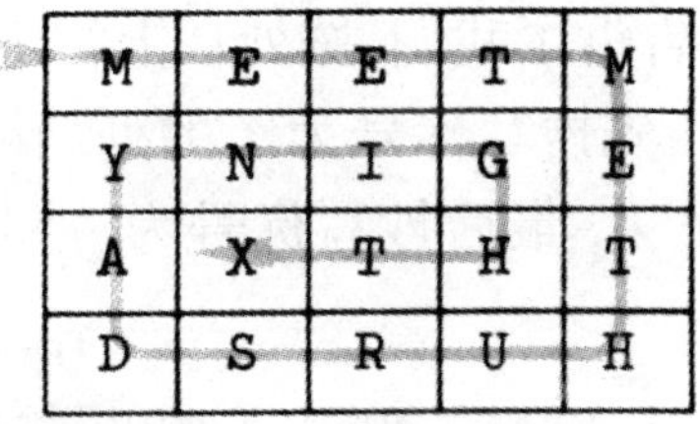

我们现在要把列的顺序弄乱. 要做到这一点, 我们可以简单地给列编上 1 至 5 的列号, 把这些列号数字合在一起, 就形成了一个密钥数, 比如说, 是 25143. 不过, 这样的数不容易记住. 因此, 要借助于密钥词.

任何由 5 个两两不同的字母组成的单词都可以用作密钥词. 这次我们用人名 FRANK 做密钥词. 如果对密钥词中的字母按它们在字母表中的先后顺序编号, 我们就有 A 为 1, F 为 2, K 为 3, N 为 4, 而 R 为 5:

```
2 5 1 4 3
F R A N K
```

就用这样简单的方法, FRANK 给出了一个 5 位数 25143. 把数字依次写在矩阵各列的上头:

2	5	1	4	3
M	E	E	T	M
Y	N	I	G	E
A	X	T	H	T
D	S	R	U	H

这些数字告诉了我们,按列从上往下抄写字母时所应遵循的顺序: 先抄写标号为 1 的列, 接着抄写标号为 2 的列, 如此下去, 最后抄写标号为 5 的列. 形成的密文如下:

EITR　MYAD　METH　TGHU　ENXS

收到密文的人知道加密的密钥词是 FRANK, 从该词他很快得到 5 位数 25143. 他画一个空格矩阵, 把得到的数字标记在各列的上头,然后按照数字所标明的顺序依次在各列中竖直地写入密文. 在完成了第 1 列和第 2 列的写入后, 他的矩阵看上去是这样的:

2	5	1	4	3
M		E		
Y		I		
A		T		
D		R		

当所有的空格都已填满,就按照约定的顺时针螺旋路线读出信文.

此方法的优越性在于,它没有采用简单的和规则的路线, 这样的路线很可能被"截获 (intercept)" (如密码学专家所喜欢说的那样) 密文的聪明敌人猜到; 而是选择采用一条随机的、间断的路线, 此种路线很难被人发现, 除非他同时知道密码体系和密钥词.

密钥词很容易记住,所以您和您的朋友可以每周更换密码: 只需挑选一个新词. 任意大小和形状的矩阵都能使用; 不过, 密钥词中字母的个数当然必须与矩阵的列数相同. 利用密钥词或密钥词组来 “弄乱” 密文是一种古老而有效的技术. 时至今日, 它依然被大量用在世界各国精巧的加密系统中.

谜语 3

What is gray and has four legs, a tail, and a trunk? (什么东西是灰色的, 有四条腿, 一根尾巴和又长又圆的身躯?)

MTZG　UIPI　AANO　ORXN　SEGO

(使用的加密矩阵和程序如上所述, 只是密钥词改为 JANET.)

第二章　易学易用的替换加密术

在上一章所讨论的各种加密方法中，信文中的字母在加密后都保持不变，只是字母的位置发生了变化. 在替换加密术中，字母的位置保持不变，但是每个字母都被另外一个不同的字母——或许是某种符号——所替代. 此种加密之所以叫做替换加密，是因为信文中的每个字母都被某种东西替换了. 替换加密和换位加密可以用种种方式结合起来使用，但这样会使密码变得太复杂，以致在加密和解密过程中很容易出错. (顺便说一下，职业的密码学家仅限于把"密码"(code) 这一词用于这样的密写过程：其中全部的词和词组都要被其他词所替换，替换词则列在一本专门的密码书里. 不过，本书将按通常的意义使用"密码"这一词，即把它当作"加密"的另一种说法.)

以下所介绍的大多数替换加密方法, 都属于 "单表" (或称单字母) 替换. 这就是说, 每个字母都用且只用一个字母 (或符号) 来替换: 如果 T 的替换字母是 K, 则在密文中无论什么地方出现K, 它都表示 T, 而且再没有别的字母可以表示 T.

如果有一个较容易记忆的替换方法, 那会有很大的好处. 因为如果您和您的朋友必须带着一个完整的字母替换表到处走, 那很可能被别人发现和偷走. 于是他就可以读出您所有的加密信文. 此类事情在历史上其实已发生过多次: 一个间谍设法偷到了字母替换表, 或设法复制了一份. 当然, 整个加密体系就变得完全没有价值了. 然而如果加密体系只存在于您的头脑中, 那任何人都无法偷到它.

一种最简单最古老的替换加密方法是: 先顺写一遍字母表, 然后在它下面回写一遍字母表. 如以下所示:

```
A B C D E F G H I J K L M N O P Q R S T U V W X Y Z
Z Y X W V U T S R Q P O N M L K J I H G F E D C B A
```

其中每一个字母都代表了直接在它下面 (或上面) 的那个字母. 于是, 信文

MYRTLE HAS BIG FEET (MYRTLE 有一双大脚)

可写成:

```
NBIGOV  SZH  YRT  UVVG
```

或写成 (如果您把字母分为 4 个一组的话):

```
NBIG  OVSZ  HYRT  UVVG
```

请注意 "big" (大) 这一词是怎样在密文的开头附近重新出现的. 这只是一个巧合, 但此类有趣的巧合在

密文中经常发生. 有时因为把它们当作是破解密码的线索, 而给密码分析专家带来很大的麻烦. 当然, 它们只会把密码分析引入歧途.

另一种简单的替换加密方法是用数字给字母表中的字母编号: 可以按顺序编号 (A=1,B=2,C=3, 等等), 或按逆序编号 (A=26,B=25,C=24, 等等). 然后用数字替换字母以完成加密. 数字之间必须加横线, 以区分一位数和两位数.

这两种方法——使用回写字母表和数字列表——在实际应用中有太大的风险. 因为它们广为人知, 所以您的敌人很可能也知道它们. 只需用一两分钟, 就能够测试密文是否使用了此类简单的替换加密方法. 以下所介绍的加密体系要安全得多.

1 位移加密法 (Shift Ciphers)

此类方法常被称为 "凯撒加密术" (Caesar ciphers), 因为罗马大帝朱里斯 · 凯撒 (Julius Caesar) 就用它来加密政府信文. 其加密和解密方法都很简单.

一个只有您和您的朋友知道的密钥数 (它可以每次有变化), 告诉您把写在第一行字母表下面的第二行字母表移位多远. 假设密钥数是 7. 先把字母表写成一行, 然后用铅笔指着 A, 向右数 7 个字母: 从 B 开始, 到 H 为止; 在 H 的上头写 A. 然后继续向右, 对 B,C,D,$\cdots$ 做同样的操作, 直至数到 Z, 然后就回到起首位置, 完成整个字母表. 得到的 7–位移加密表看上去就像这样:

```
T U V W X Y Z A B C D E F G H I J K L M N O P Q R S
A B C D E F G H I J K L M N O P Q R S T U V W X Y Z
```

当要加密信文, 在上一行中找到字母, 然后用在它正下方的字母替换. MYRTLE 中的各字母在前移 7 位之后, 变成了 TFYASL. 解密时, 在下一行找到字母, 然后写下在它上头的那个字母.

不用说, 在这种——或其他的——使用简单字母表密钥的加密术中, 您必须在每次完成加密或解密信文之后彻底销毁密钥. 如果您没有这样做, 别人就有可能, 比如说在废纸篓中, 发现这个密钥, 于是就知道了您的密码.

有时候, 纯粹由于巧合, 一个词在位移之后成了另一个词. 一个很好的例子是COLD (冷) 这一词: 把它前移 3 位, 您会对得到的结果感到吃惊. 把 PECAN (山核桃) 前移 4 位会得到什么? 把 SLEEP (睡) 前移 9 位呢? 试一试, 看看得到了什么! 寻找有哪些词会在位移之后变成另外一词是很有趣的. 当然, 单词越长就越不可能经字母位移变成另外一词. 英语中此类词最长的一个是 ABJURER (宣誓放弃者), 把它前移 13 位, 就变成了 NOWHERE (没有地方).

谜语 4

What did Mr. MacGregor buy a roll of Scotch Tape for? (MacGregor 先生买一卷胶带花了多少钱?)

SVSGL　PRAGF

What did he *want* it for? (他原打算花多少钱买它?)

GRA PRAGF

(使用前移 13 位的加密方法.)

2 按日期位移的加密法 (Date Shift Ciphers)

为使位移加密更难被破解, 您可以改变每个字母的位移量. 有很多方法可以做到这一点. 其中一个聪明的方法是用您发送信文的日期作为密钥.

比如说, 假设您是在 1973 年 10 月 21 日发送信文. 这个日期可写成 10–21–73. 去掉横线, 就得到了 102173. 在信文的上面重复地写这个数:

102173 102 173 1021
MYRTLE HAS BIG FEET

于是就这样加密信文: M 前移 1 位, 变成 N. (如果位移量较小, 您可以很容易地在自己的头脑中进行位移操作, 而不必写下两行字母表.) Y 的位移距离是 0, 因而仍然是 Y. R 前移两位, 变成 T. 对其他的字母进行类似的操作. 记住, 如果前移超过了 Z, 就返回 A 再继续前移.

把最后得到的密文分成 4 个字母一组, 就得到:

NYTU SHIA UCPJ GEGU

解密时, 先把密钥数写在密文各字母的上头; 然后如加密时的操作, 把每个字母回移, 回移量按该字母上头的数字; 每当回移越过了 A, 就回到 Z 再继续回移.

请注意, 这种加密不属于 "单表替换". 例如, 密文中最后 4 个字母替换 FEET, 但替换两个 E 的是不同的字母——E 和 G; 而 GEGU 中两个 G 又替换了不同的字母——F 和 E. 正是这种有变化的替换, 使得日期位移加密更难破解. 我们将在第四章中看到, 这种类型的加密称为 "多表替换".

并不一定非要用日期做密钥数, 才能实现变位移加密. 任何数字都能用. 而且您还可以运用第一章第 3 节中所介绍的方法, 用密钥词来记住密钥数.

谜语 5

What did Paul Revere say when he finished his midnight ride? (Paul Revere[①] 在半夜骑马结束后说了什么?)

AIWE !

(用 Paul Revere 骑马的日期加密: 4 月 18 日, 没有年.)

3　用密钥词的替换加密法 (Key Word Ciphers)

这是用密钥词或词组构建替换加密字母表的一种简单方法. 假设您和您的同伴约定本周使用的密钥词是 JUPITER. 把字母表写成一行, 接着在其下面写 JUPITER, 后面继续写按字母表顺序的其他字母:

```
A B C D E F G H I J K L M N O P Q R S T U V W X Y Z
J U P I T E R A B C D F G H K L M N O Q S V W X Y Z
```

[①] 保罗 · 里维尔 (Paul Revere, 1734—1818) 是美国独立战争时期的一位英雄, 因于 1775 年 4 月 18 日半夜骑马疾驰通知有英军来犯而闻名. 19 世纪美国诗人朗费罗 (Henry Wadsworth Longfellow) 写下长诗 "保罗 · 里维尔的午夜狂奔" (Paul Revere's Ride), 更使他成为美国家喻户晓的传奇人物.——译注

密钥词很容易记忆, 而且每个词自动产生了不同的替换加密方法. 其加密和解密过程同本章前面所介绍的加密方法.

请注意, 在上面的替换字母表中 V,W,X,Y 和 Z 都没有变化. 这是因为 JUPITER 这一词没有包含字母表中 U 以后的字母. 如果您使用的密钥词包含 Y, 它就会改变除了 Z 以外的所有字母. (此处不严谨, 例如使用 ARMY 作密钥词就没有改变字母 A——编注) 当然, 密钥词中不应该有重复的字母.

如果密钥词每周更换, 那么要集中所有人商定下周的密钥词并非是一件容易的事. 避免此麻烦的一个方法是利用图书或杂志来提供密钥词. 如果是用书, 那么每位使用密码的人都必须有一本, 或者能很方便地看到它. 如果是用杂志, 那一定要选畅销的杂志, 容易得到, 而且一定是正在出售的那一期.

在书或杂志的某处选中一个合适的密钥词. 然后写下页码、行数、行内顺序数. 这 3 个数用横线隔开后, 可置于您的密文末尾, 以便让收信者知道如何在书或杂志中找到密钥词. 如他看到的是 205-17-8, 他就翻到第 205 页, 从上往下数第 17 行, 记下该行中第 8 个词. 对于那些不知道用哪本书或哪本杂志的人来说, 这个数是没有意义的.

谜语 6

What flower's name tells what the teacher did when she sat on a thumbtack? (哪一种花名形容了女教师坐在

一枚图钉上的反应?)

MJNS

(使用的密钥词是 THURSDAY.)

4 猪圈加密法 (The Pigpen Cipher)

此加密法之所以起这个名字,是因为它用直线把字母隔开,就好像用围栏把猪圈养一样. 它也叫做“共济会密码”,因为共济会早在 100 多年以前就使用它了. 另外,据说在美国南北战争时期,南部邦联的士兵也使用这种密码.

交替着画两个井字线和两个 X 线图案,如下图所示,并对后两个图案中的各分块标上点.

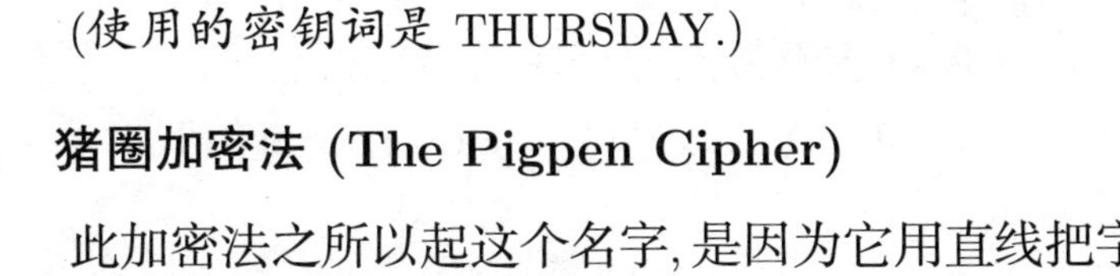

现在,把 26 个字母分别写入这四个图案的 26 个分块中. 因为这种加密方法依然很流行,特别是在年轻人中间,所以把字母表的顺序写得乱一些是个好主意,而且只能让您和您的朋友知道.

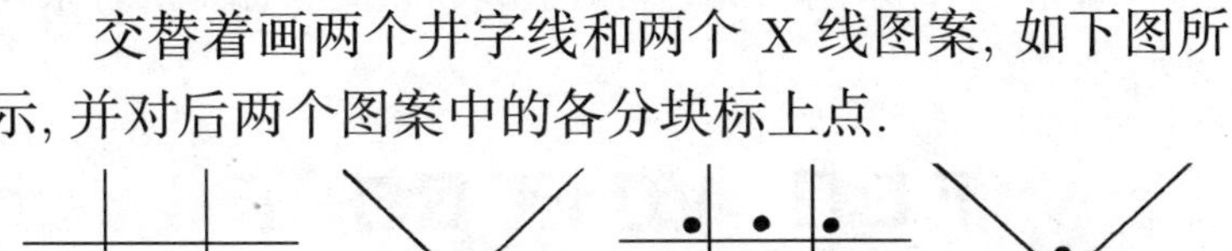

在以上的字母表体系中,字母在两个井字线图案各列中的顺序是由下往上 (列是从左到右); 在两个 X 线

图案中的字母顺序是按逆时针方向，且从底下那块开始.

信文的加密方法是：每个字母都用图案中包含该字母的带点或不带点的分块图构形来表示. 用此方法加密信文 SEND ME TWO DOLLARS(寄给我两美元)，就是如下的样子:

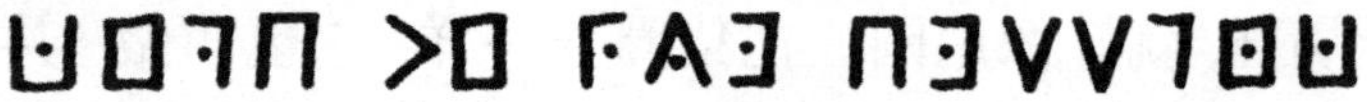

谜语 7

What's the end of everything? (Everything 的末尾是什么?)

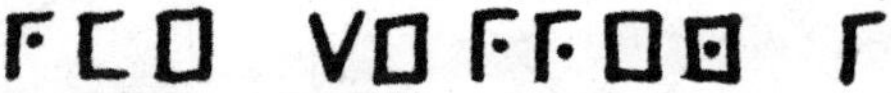

5　波利比奥斯棋盘 (The Polybius Checkerboard)

波利比奥斯是古希腊的作家，他首先提出了用不同的两位数来替换字母的加密方法. 26 个字母被写入一个编有行号和列号的 5 × 5 方阵中:

	1	2	3	4	5
1	A	B	C	D	E
2	F	G	H	I	J
3	K	L	M	N	O
4	P	Q	R	S	T
5	U	V	W	X	Y/Z

请注意, Y 和 Z 同时被写入最后一个格子中, 以使所有的字母都可纳入方阵. 根据上下文, 能够判别信文中用的究竟是 Y 还是 Z.

加密时, 用每个字母所在的行号和列号合成的两位数来表示该字母. 行号总在前. 比如说, 字母 J 的表示数就是 25. 单词 WATERMELON (西瓜) 加密后就成了:

53 - 11 - 45 - 15 - 43 - 33 - 15 - 32 - 35 - 34

解密时, 只需根据所给的数找出所对应的字母就可以了. 第一个数是 53, 这告诉我们去找第 5 行第 3 列交叉的那个字母.

谜语 8

If you stand so that you face east and your back is to the west, what is on your left hand? (如果您站立着, 脸朝东, 背向西, 那您的左手上是什么?)

21 - 24 - 34 - 22 - 15 - 43 - 44

6　随机替换加密法 (Random Substitution Ciphers)

迄今为止所介绍的替换加密法, 都要利用一张根据某种简单规则生成的加密字母表. 如前所述, 此类加密法的优点是, 您不必随身携带加密表, 每当加密或解密时您可以很容易地把它当场写出来.

而随机替换加密并没有生成加密字母表的规则. 只是给字母表中的每个字母随意指定一个替换字母、数字或符号. 使用随机替换加密虽然有丢失字母表密钥的危险, 但它比基于简单规则的替换加密更难破解.

有许多侦探小说把随机密码作为故事的重要情节. 广为人知的是亚瑟 · 柯南 · 道尔写的短篇《跳舞人形之案》(*The Adventure of the Dancing Men*); 其中歇洛克 · 福尔摩斯破解了一种随机密码, 它用一些人形线条画来表示每个字母. 而此类故事中最有名的是埃德加 · 爱伦 · 坡 (Edgar Allan Poe) 写的《金甲虫》(*The Gold Bug*); 故事中的密码使用了数字和打印机上的各种符号.

歇洛克 · 福尔摩斯读出了隐含在跳舞人形密码中的信文

华生医生一眼看到上面那些跳舞的人形, 它们被用铅笔画在从记事本上撕下的纸上, 就喊道: "嗨, 福尔摩斯, 这是小孩子画的图." 但歇洛克 · 福尔摩斯马上认出, 这是一种替换密码. 信文内容是: AM HERE ABE SLANEY (我阿贝 · 斯兰尼来了). 其中拿旗子的人形表示单词的末尾.

"我相当熟悉各种密写方法," 福尔摩斯声称, "而且本人也在这方面写过一本粗浅的专著, 其中分析了 160 种不同的加密方法……"

53‡‡†305))6*;4826)4‡.
)4‡);806*;48†8¶60))85
;I‡(;:‡*8†83(88)5*†;46
(;88*96*?;8)*‡(;485);5
†2:‡(;4956*2(5*–4)8¶
8*;4069285);)6†8)4‡‡;I
(‡9;4808I;8:8‡I;48†85
;4)485†528806*8I(‡9;48
;(88;4(‡?34;48)4‡;I6I
;:I88;‡?;

爱伦·坡的小说《金甲虫》中的替换密码

这段密文据说是海盗基德船长 (Captain Kidd) 用看不见的墨水写在羊皮纸上的. 词与词之间没有分隔. 其中透露了财宝的埋藏地点, 信文的内容是:

"A good glass in the bishop's hostel in the devil's seat—forty-one degrees and thirteen minutes—northeast and by north—main branch seventh limb east side—shoot from the left eye of the death's head—a bee-line from the tree through the shot fifty feet out."

(好玻璃在主教客栈在魔鬼椅子上—41 度 13 分—东北偏北—最大树枝第 7 根分枝东边—从死人头的左眼射击—从树到弹着点的直线延伸 50 英尺)

您可以设计自己的随机密码: 写下字母表, 然后在每个字母上标记您所选择的任意符号. 下图是一张典型的字母加密表.

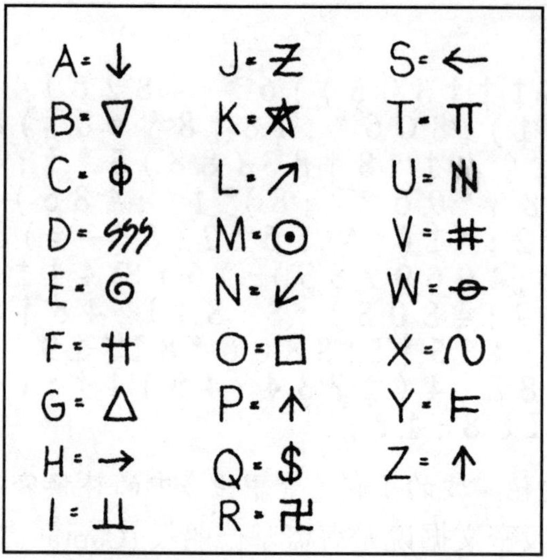

您如果用这张表来加密 MERRY CHRISTMAS AND HAPPY NEW YEAR (圣诞节快乐, 新年快乐), 得到的密文会看上去很神秘:

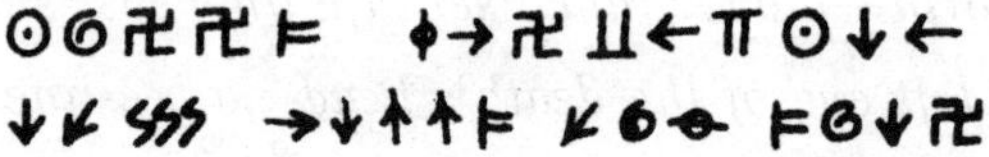

然而, 使用奇怪的符号做密码并不比使用字母或数字做密码更难破解. 下一章将介绍, 密码分析专家如何在不知道字母表密钥的情况下破解密码的一些基本方法.

谜语 9

What goes “Zzub, zzub, zzub”? (“Zzub, zzub, zzub” 是怎么回事?)

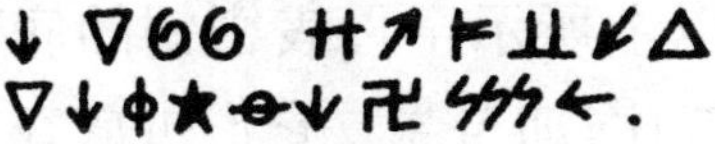

7　夏多密码 (The Shadow's Code)

在 20世纪 30 年代出现过一位神秘的正义战士, 名字叫夏多, 他是一本畅销的庸俗杂志和一家甚有名气电台的节目中的英雄人物. 全身黑装的夏多悄悄地潜行于黑暗之中, 与邪恶势力展开搏斗. 夏多故事的作者是麦克斯韦 · 格兰特 (Maxwell Grant, 这是他创作人物夏多时用的假名, 真名叫 Walter B. Gibson), 他写的故事中经常会出现一些奇怪的密码. 其中最为有趣的是他在中篇小说《死亡之链》中所用的密码, 如下表所示:

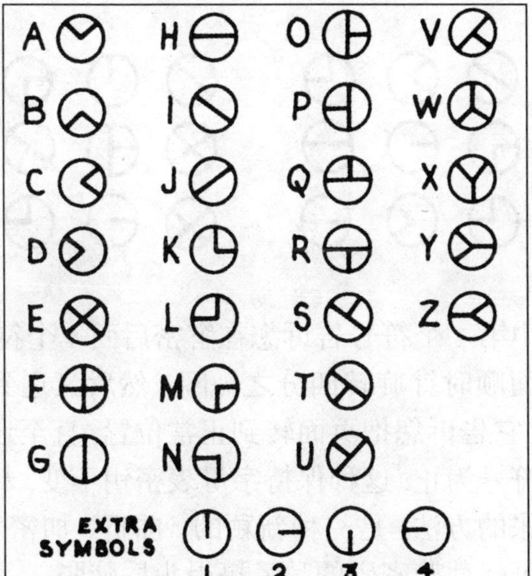

注意, 在以上所示字母表密钥的底部, 列有 4 个 "extra symbols" (附加符号). 它们可放在密文中的任何地方. 每个附加符号指示, 如何转动写有密文的纸张, 再进行后续的加密或解密操作, 直到出现另一个附加符号.

可以把每个附加符号中的那根线看作是指示针, 它指示了纸张的上端朝上、朝下、朝左或朝右. 比如说, 如果出现了附加符号 3, 那么纸张就应该转动 180°, 使其上端朝下; 附加符号 2 则意味着应转动纸张使上端朝右; 附加符号 4 告诉您转动纸张使上端朝左; 而附加符号 1 则表明纸张应该在正常位置, 即上端朝上.

信文: I AM IN DANGER. SEND HELP (我有危险, 快来增援) 可以加密成如此:

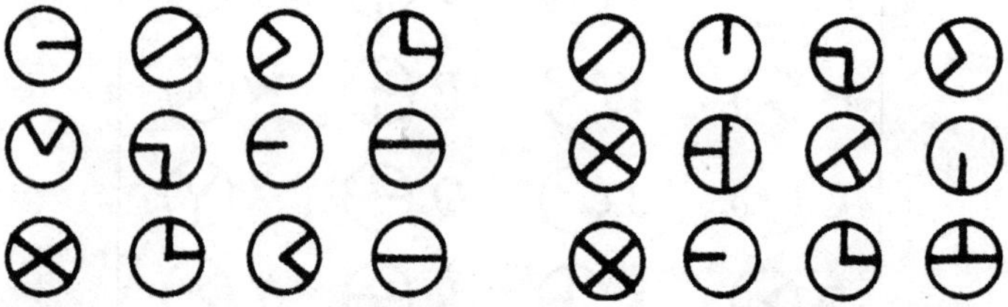

其中第 1 个符号告诉您在解密后面 4 个符号之前, 要把页面顺时针旋转四分之一圈. 然后又遇到一个附加符号, 它告诉您把页面转到正常位置, 直至遇到下一个附加符号为止. 这种保持字母表密钥不变, 却不停地转动纸张的方法, 是一种新颖的 "曲折" 加密术, 它会把那些可能截获密码的敌人搞得头昏脑胀.

谜语 10

If two is company and three is a crowd, what are four, five and six? (如果二是伴侣, 三是一伙, 那么四、五和六是什么?)

第三章 如何破解替换加密

迅速破解简单的替换加密是一门艺术,它需要大量的知识和经验. 本章将给出一些破解要点,并演示如何对付那些每天出现在许多报纸上、或每周出现在《星期六评论》中的密文. 此种密文通常在词与词之间有空格; 还会出现标点——句号、逗号和问号等等——这使得破解变得更容易.

首先,有关英语的一些重要事实:

1. 最常用的字母是 E, 其次是 (按使用频率顺序) T, A, O, N. (E 在德语、法语、意大利语和西班牙语中,也是最常用的字母. 但在其他许多语言中,情况并非如此. 比如说在俄语中,最常用的字母是 O.)

2. 词尾最常用的字母是 E.

3. 词头最常用的字母是 T.

4. 单字母词是 A 或 I, 在很少的场合下用 O.

5. 最常用的双字母词是 OF, 其次是 TO 和 IN.

6. 最常用的三字母词是 THE, 其次是 AND.

7. Q 的后面总是跟 U.

8. 元音字母后面跟得最多的辅音字母是 N.

9. 单词中最常见的双字母是 (按频率顺序) LL, EE, SS, OO, TT, FF, RR, NN, PP 和 CC.

10. 最常见的四字母词是 THAT.

注意: THAT 的头尾字母是相同的. 当一个或多个字母在单词中出现一次以上, 这种单词叫做 "模式字" (pattern word). 在破解密文的过程中, 模式字能提供很有价值的线索.

比如说, 假设我们看到密文中有一词 XPP. 它很可能就是 ALL, SEE 或 TOO 之类的常见词, 虽然它也可能是一个非常见词: 诸如 ODD, ADD, BOO, INN, EGG, ZOO 以及其他几十个词中的一个. 我们已经知道, XYZX 极有可能是 THAT.

一个五字母的模式字如 BDCKC, 可能会是 THERE 或 WHERE 或 THESE; 虽然它也可能是几百个非常用词中的一个: 如 NIECE, ROSES, NOSES, OMAHA 或 IRENE.

模式字 ABCDB 可能是 WHICH. RDMMRJ 是一个模式字, 其中有两个字母重复出现. 它最有可能是 LITTLE, 不大可能的词包括 SNEESH, SWOOSH 和 TWEETS.

一个熟练的解密者会很快认出诸如 TOMORROW (明天), PEOPLE (人民), BANANA (香蕉), BEGINNING (开始), COMMITTEE (委员会) 等许许多多的模式字.

如果密文是一段语录, 后面跟着作者的姓; 那么一个破解老手很快就会认出 RBKJDRLDKMD 就是 SHAKESPEARE(莎士比亚).

对于业余的密码破解爱好者来说,最有用的一个工具就是一张常见模式字列表,其编排顺序要使得能迅速查找到模式字并了解到最有可能对应的单词. 这样的一张简表包含在弗雷切尔 · 普拉特 (Fletcher Pratt) 的书中 (见本书后面所列的参考书目). 最完整的这样的表 (包含世界上所有重要的语言), 存放在政府密码分析专家所用的大型电子计算机中. 1971 年, 北卡罗来纳州立大学的数学教授杰克 · 莱文 (Jack Levine) 个人出版了含有 184 000 个模式字的列表, 覆盖范围从 2 字母单词到 9 字母单词. 这项工作是用计算机来完成的; 还将在 1972 年继续出版另外两卷, 以覆盖 10 字母单词到 16 字母单词. 非模式字没有包含在内, 但早在 1957 年, 莱文就已经出版了《无重复字母的单词列表》 (*A List of Words Containing No Repeated Letters*).

对于密码专家来说, 另外一种很有用的词汇列表是"反序词典", 其中单词的拼写顺序是由后往前, 再按字母表排列. 比如说, 您知道某个词的结尾是 CION, 那您就要在这种词典中按 NOIC 的排列找到这一词. 宾夕法尼亚大学的语言学教授布朗 (A. F. Brown) 曾经主编了这样一部词典. 它出版于 1963 年, 有八大卷, 书名为《正序和反序英语词汇列表》(*Normal and Reverse English Word List*), 其中有 35 万多个条目. 可向美国商务部技术信息处购买, 每卷 10 美元.

难以置信的是,类似的逆序词典近十几年来也在法国、希腊、俄国、意大利等国家出版过,也许还有别的国家.

破解密文的最好方法包括对于其中一些单词尽您所能给出最好的猜测;然后用猜得的字母在密文中作替换,看看您的猜测是否合理,或者是否会导致出现一些不可能的字母组合.如果后一种情况发生了,那就说明您的猜测不正确,必须再尝试别的猜测.小说《金甲虫》中非常精彩地描述了如何破解密文.您还可以在海伦·甘尼斯 (Helen Gaines) 的著作《密码分析》(*Cryptanalysis*) 中找到更详尽的指导 (见书后的参考书目).

让我们来分析一段简单的著名语录,引自于一位著名英语作家的著作.

```
ZU HO UD CUZ ZU HO ZSGZ AE ZSO JKOEZAUC
```

这段密文很短,因此我们不能利用字母 E 出现频率最高的这一事实.一个很好的突破口是模式字 ZSGZ.如前所述,最常见的四字母词是模式字 THAT.我们现在假设 ZSGZ 就是 THAT,再看会出现什么结果:

```
T              T   T        THAT        TH      T
ZU  HO  UD  CUZ  ZU  HO  ZSGZ  AE  ZSO  JKOEZAUC
```

我们的猜测可能是正确的.因为 ZSO 现在只能是 THE,而 ZU 几乎可以肯定是 TO.加上新猜测的字母 E 和 O,我们有:

```
TO   E   O   OT  TO   E  THAT      THE    E T O
ZU  HO  UD  CUZ  ZU  HO  ZSGZ  AE  ZSO  JKOEZAUC
```

第四个词的最后两个字母是 OT.这里有多种可能.其首字母 C 不可能对应于 H,因为 H 已由另一字母对应了. 注意到密文中最后一词的末尾字母是 C. TION 是极其常见的单词结尾字母串. 如果我们用 TION 替换密文最后一词的结尾四个字母,C 就变成 N, 而 CUZ 就成了常见词 NOT. 把新字母 I 和 N 替换到密文中, 得到的结果仍然很合理:

TO	E	O	NOT	TO	E	THAT	I	THE	E TION
ZU	HO	UD	CUZ	ZU	HO	ZSGZ	AE	ZSO	JKOEZAUC

AE 不可能对应于 IT, 因为 T 所对应的字母已经确定了. IF 不大可能在 THAT 和THE 之间, 但 IS 是很有可能的. 于是, 我们得到 E 对应于 S, 并把它加入密文:

TO	E	O	NOT	TO	E	THAT	IS	THE	ESTION
ZU	HO	UD	CUZ	ZU	HO	ZSGZ	AE	ZSO	JKOEZAUC

至此, 您可能已猜到最后的结果是: TO BE OR NOT TO BE THAT IS THE QUESTION (活还是不活, 这是唯一的问题). 这是哈姆莱特在莎士比亚的同名戏剧中所说的一段名言. 当然, 这段密文的破解很容易. 我们的所有猜测都被证明是正确的. 我们的直觉都没有错, 所以不必擦掉字母, 再尝试其他的可能. 不过, 这个例子能使您对如何破解简单替换密码有一个大致了解.

破解密文是一项非常有趣的活动. 而且您破解的密文越多, 得到的乐趣就越大. 在这里, 我原本可以提供几页密文以供您破解. 但此书的许多读者都是通过图书馆借阅的, 很不幸, 并不是每个人都能为后面的读者着想, 一些人会禁不起诱惑直接在书上破解密文, 而不愿意费事把密文抄到另一张纸上. 书被涂写得一塌糊涂, 以致图书馆员要把它拿下书架.

如果您要练习破解密文, 最好的做法是, 要求您的朋友或亲戚随意造出一个密码表, 并写一段密文以供您破解. 密文越长越好. 写密文的人可能认为密文越长就越难破解, 当然事实正好相反. 单字的信文, 比如说 COME(来), 加密后是破解不了的, 因为它可以是任何一个四字母的词.

美国数学家柯劳德 · 香农 (Claude E. Shannon) 创立了一个现代数学的分支, 叫做 "通信理论" (communication theory). 他曾于 1949 年写过一篇重要的论文 "保密系统的通信理论" (Communication Theory of Secrecy Systems, *Bell System Technical Journal*, October, 1949), 其中证明道: 如果密文中包含了 30 个字母或更多, 那么其破解的答案几乎是唯一的; 但如果密文中只包含 20 个字母或更少, 那么破解的答案通常不止一个.

您会发现这种现象: 当您在破解一份长密文时, 在尝试了种种猜测之后, 您最终会突然地绝对确信, 自己已获得正确的结果; 而且只要有足够的时间, 您总能够完成密文的破解. 这虽然只是一件小事, 但它与科学家的那样一种强烈的感情并无多大区别: 即认为已经有足够的证据证明自己的新理论是正确的. 著名的德国哲学家和数学家莱布尼茨 (Gottfried Wilhelm Leibniz) 曾经指出, 破解一份密文与解决一个科学问题极为相似. 面对需要用理论做出解释的大自然, 科学家如果只掌握了两三个孤立的事实, 那他通常可以创造出几十种漂亮的理论, 就好像密码专家对于仅有一个简短单词的密文可以想出几十种解答一样. 但是, 如果有大量的事实需要解释, 那就如同破解一份长密文. 要发明一种理论来解释成百上千个曾经是那样神秘的不同的事实, 这绝非是件容易的事. 一旦发现了这样的理论, 它能够解释已有的全部事实, 那它很可能就是正确的理论; 就好像在破解长密文中寻找答案一样: 如果该答案能够很好地解释其中所有的符号, 那它很可能就是正确的答案.

现代科学最伟大的发现之一, 就是认识了大自然的一种密码——基因密码. 这种密码写在每个生物细胞核内两个相互缠绕的 DNA 分子上, 它包含了整个生物的成长信息. 基因密码的字母表中只有四种符号: 每一种表示不同的化学物质. 这四种物质在 DNA 分子上以三个一组排列. 此类小组构成了 "字", 这些字组成的句子长得难以想象, 它们准确地告诉生物体中的每个细胞应该长成什么样子.

形象地讲, 科学的法则可以看作是宇宙的 "模式字". 伽利略说: "大自然这部书是用数学符号写的." 科学家就像是密码专家, 他们在破解宇宙中许许多多、甚至可能是无限多的密文, 并在取得缓慢的进展.

我只讲了一些初等的方法, 用以破解简单的替换密码, 以及那些词与词之间有分隔的密文. 要破解其他种类的密码, 所涉及的技艺就非常复杂, 无法在这本入门小册子中作介绍. 如果您想深入了解密码分析家的高超本领, 我建议您进一步阅读甘尼斯 (Gaines)、沃尔夫 (Wolfe) 和辛可夫 (Sinkov) 的著作 (见书末参考书目).

爱伦 · 坡在《金甲虫》以及另一篇论述密码学的文

章中说过, "人类才智" 所能发明的任何密码, 必然也能被人类才智破解. 他也许是对的, 但要对他的断言加上若干条件: 必须是有实用意义的密码, 即它不需要花费太长的时间就能完成准确的加密和解密. 此外, 密码分析专家必须有足够量的密文供破解, 并且有足够多的时间. 爱伦 · 坡的断言在加上所有这些条件之后, 仍还没有被证明到底是正确的还是错误的.

就迄今为止的历史而言, 爱伦 · 坡看来是正确的. 目前, 美国的密码分析专家能够读懂苏联[①]的全部密文, 而俄国人也同样可能读懂美国人的全部密文.

但是, 当然有可能创造出不可破解的密码, 不过它将只能用于某些特殊场合而无实际价值. 《密码破解者》一书中有专门的一章, 描述了一位名叫吉尔伯特 · 维南 (Gilbert S. Vernam) 的美国人所发明的一种奇妙的机器. 该机器所产生的密码是不可破解的, 因为它使用的是密码专家所称的 "一次一密体系" (one-time system). 这种体系所提供的密钥是完全随机的, 而且只使用一次, 永不再用. 卡恩在为《美利坚大百科全书》写的介绍密码学的精彩文章中, 描述了一种简单的 "一次一密体系": 这种铅笔加纸头的加密方法是共产党情报人员在第二次世界大战中实际使用的. 它确实是不可破解的. 那么, 为什么不经常使用它呢? 因为它要为每份密文提供新的密钥, 这样做太困难了, 代价太大了, 因此它不能用于一般场合.

[①]以俄罗斯等 15 个加盟共和国组成的苏联成立于 1922 年, 曾经是美国的主要竞争对手, 后于 1991 年解体. ——译注.

下面是鲁德亚 · 基普林 (Rudyard Kipling)在他的"首字母" (他为儿童写的著名图书《"原来如此" 故事集》中的一个故事) 中所画的插图. 图中有一根象牙, 上面刻着一个名叫 Taffimai 的女孩的故事画. 基普林说, 在图的两旁和下边的那些奇怪的符号是神奇的 Runic 字母 [一种古英语字母——译注]. 但实际上它们是一种替换密码. 您能读懂基普林的密码吗?

提示: 在原文中有许多特殊的拼写习惯. 比如说, 用 U 表示 YOU; W 或被省略或被 OU 替换; F 替换 V, I 替换 Y. 此外, A, G, O 和 T 都有两个替换符号, 而 H 有三个替换符号.

插图左边的那段文字是这样开头的: THIS IS THE STORY OF TAFFIMAI, ALL RITTEN OUT ON AN OLD TUSK. (这是关于 Taffimai 的故事, 都写在一根老象牙上.)

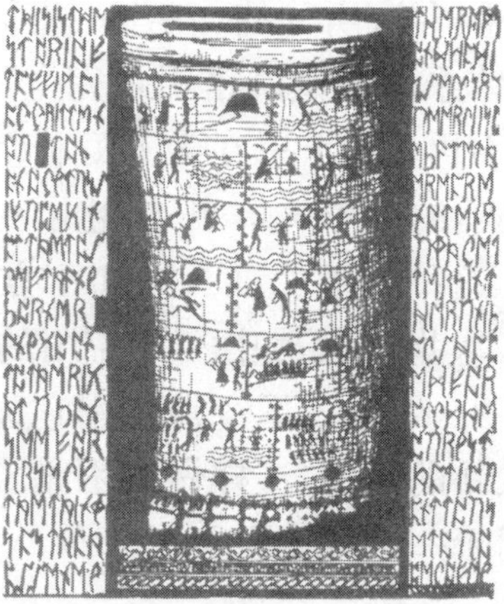

第四章　难破解的多表加密术

上一章所介绍的替换加密方法都属于单表加密(只有按日期位移加密法除外). 如我们所见, 此类加密并不难破解, 特别是当密文很长或密码分析专家手头有许多密文的时候. 由于任何国家的海陆空三军、外交部以及政府其他部门都必须收发大量的密文, 所以他们必须采用比单表替换加密难破解得多的加密方法.

这种难破解的加密方法叫做"多表加密"(polyalphabetic, 其中 *poly* 表示许多的意思). 这意味着, 在密文中不同的符号(字母或数字)可以表示相同的字母, 而相同的符号又可以表示不同的字母. 多表加密可以做得非常复杂极难破解. 但在另一方面, 它们也不能做得太复杂, 因为这样将需要花费太多的时间来准确地加密和解密. 以下介绍的三种多表加密方法是属于最简单和最好使的.

1 波塔双字加密法 (Porta's Digraphic Cipher)

双字加密就是把一对字母, 而不是单个字母, 作为密文的基本单元. 在波塔加密法中, 信文中的每对字母都用一个符号来替代. 该方法是意大利作家、科学家和魔术师吉奥凡尼 · 巴蒂斯塔 · 波塔 (Giovanni Battista Porta) 发明的. 他在 28 岁的时候 (1563 年), 出版了一本介绍密码的有趣的书, 其中包含了此加密方法. 这是已知最早的双字加密法.

要实现这种加密法, 您需要有一个 26×26 的大方阵. 字母表写在矩阵的边上: 一个是横排写在矩阵的上边, 另一个是竖排写在矩阵的左边. 在 676 个格子中可以填上您喜欢的任意的符号——字母、数字或其他符号——只要其中没有两个格子是相同的, 如下页图所示.

在下页图的例子中使用了数字 1 到 676. 波塔本人则使用了一些奇怪的符号. 如果您对它们感兴趣, 可以看《密码破解者》一书中 139 页上的复制图.

假设您要加密单词 THEY (他们). 第一对字母是 TH. 在竖排的字母表中找到 T 打头的行, 然后沿着该行找到 H 打头的列. 在交叉格子上的数字为 502, 这就是密文中的第一个符号. 然后用类似方法, 找到 E 行 Y 列交叉格子上的数字 129, 这就是密文中的第二个符号.

	A	B	C	D	E	F	G	H	I	J	K	L	M	N	O	P	Q	R	S	T	U	V	W	X	Y	Z
A	1	2	3	4	5	6	7	8	9	10	11	12	13	14	15	16	17	18	19	20	21	22	23	24	25	26
B	27	28	29	30	31	32	33	34	35	36	37	38	39	40	41	42	43	44	45	46	47	48	49	50	51	52
C	53	54	55	56	57	58	59	60	61	62	63	64	65	66	67	68	69	70	71	72	73	74	75	76	77	78
D	79	80	81	82	83	84	85	86	87	88	89	90	91	92	93	94	95	96	97	98	99	100	101	102	103	104
E	105	106	107	108	109	110	111	112	113	114	115	116	117	118	119	120	121	122	123	124	125	126	127	128	129	130
F	131	132	133	134	135	136	137	138	139	140	141	142	143	144	145	146	147	148	149	150	151	152	153	154	155	156
G	157	158	159	160	161	162	163	164	165	166	167	168	169	170	171	172	173	174	175	176	177	178	179	180	181	182
H	183	184	185	186	187	188	189	190	191	192	193	194	195	196	197	198	199	200	201	202	203	204	205	206	207	208
I	209	210	211	212	213	214	215	216	217	218	219	220	221	222	223	224	225	226	227	228	229	230	231	232	233	234
J	235	236	237	238	239	240	241	242	243	244	245	246	247	248	249	250	251	252	253	254	255	256	257	258	259	260
K	261	262	263	264	265	266	267	268	269	270	271	272	273	274	275	276	277	278	279	280	281	282	283	284	285	286
L	287	288	289	290	291	292	293	294	295	296	297	298	299	300	301	302	303	304	305	306	307	308	309	310	311	312
M	313	314	315	316	317	318	319	320	321	322	323	324	325	326	327	328	329	330	331	332	333	334	335	336	337	338
N	339	340	341	342	343	344	345	346	347	348	349	350	351	352	353	354	355	356	357	358	359	360	361	362	363	364
O	365	366	367	368	369	370	371	372	373	374	375	376	377	378	379	380	381	382	383	384	385	386	387	388	389	390
P	391	392	393	394	395	396	397	398	399	400	401	402	403	404	405	406	407	408	409	410	411	412	413	414	415	416
Q	417	418	419	420	421	422	423	424	425	426	427	428	429	430	431	432	433	434	435	436	437	438	439	440	441	442
R	443	444	445	446	447	448	449	450	451	452	453	454	455	456	457	458	459	460	461	462	463	464	465	466	467	468
S	469	470	471	472	473	474	475	476	477	478	479	480	481	482	483	484	485	486	487	488	489	490	491	492	493	494
T	495	496	497	498	499	500	501	502	503	504	505	506	507	508	509	510	511	512	513	514	515	516	517	518	519	520
U	521	522	523	524	525	526	527	528	529	530	531	532	533	534	535	536	537	538	539	540	541	542	543	544	545	546
V	547	548	549	550	551	552	553	554	555	556	557	558	559	560	561	562	563	564	565	566	567	568	569	570	571	572
W	573	574	575	576	577	578	579	580	581	582	583	584	585	586	587	588	589	590	591	592	593	594	595	596	597	598
X	599	600	601	602	603	604	605	606	607	608	609	610	611	612	613	614	615	616	617	618	619	620	621	622	623	624
Y	625	626	627	628	629	630	631	632	633	634	635	636	637	638	639	640	641	642	643	644	645	646	647	648	649	650
Z	651	652	653	654	655	656	657	658	659	660	661	662	663	664	665	666	667	668	669	670	671	672	673	674	675	676

波塔的加密矩阵

每对字母中, 首字母总是行号, 尾字母总是列号.THEY 的密文就是 502-129.

解密时, 对于密文中的每个数字, 用它在方阵中出现位置所对应的行号和列号来替换之, 总是先写下代表行号的那个字母.

为了使加密更难被破解, 最好不要用 676 个数字顺序填满方阵. 应该随机地把数字写在格子中; 或者可以像波塔那样, 使用 676 个不同的符号. 另一种可以采用的方法是: 把数字顺序填入格子中, 但把字母表打乱. 第一种方法给解密带来麻烦, 第二种方法给加密带来麻烦. 如果两种方法同时使用, 则令加密和解密都成了烦人的苦活, 这样的加密方法就会因效率太低而失去实用价值.

谜语 11

What Christmas greeting does `A B C D E F G H I J K M N O P Q R S T U V W X Y Z` represent? (`A B C D E F G H I J K M N O P Q R S T U V W X Y Z` 表示了怎样的圣诞节问候语?)

答案是 353-116.

2 普莱菲尔加密法 (The Playfair Cipher)

普莱菲尔加密法的操作步骤要多于波塔加密法, 但它所使用的矩阵要简单得多. 该方法以 19 世纪英国作家拜伦 · 莱昂 · 普莱菲尔 (Baron Lyon Playfair) 的姓命名, 但实际上是拜伦的好朋友查尔斯 · 惠斯通 (Charles

Wheatstone) 发明的. 惠斯通是一位科学家, 他的出名是因为制作乐器, 以及比独立发明电报的美国人萨缪尔 · 莫尔斯 (Samuel Morse) 更早发明了电报系统. 电报码, 如我们已熟知的莫尔斯码, 可看作是一种公开编码, 其中用点和划的组合来表示字母. 惠斯通所设计的这个著名加密方法, 是要利用标准的电报码发送加密信息.

普莱菲尔加密法已在英国军队中使用了多年, 特别是在布尔战争期间. 澳大利亚人在第二次世界大战期间也使用它. 多萝西 · 塞耶斯 (Dorothy L. Sayers) 在其神秘小说《寻尸》(*Have His Carcase*) 中, 叙述了侦探彼得 · 温西勋爵如何漂亮地破解了一种普莱菲尔密码.

普莱菲尔加密法所使用的矩阵可以是方形也可以是长方形的. 我们现在使用一个 4×8 矩阵, 其中 32 个格子上填满 26 个字母和数字 2 到 7. (不使用数字 1 是因为它容易和大写字母 I 搞混.) 这些字母和数字随机地填在格子中, 看上去可能像这样:

4	H	M	V	L	3	Y	D
X	K	B	5	P	Z	E	O
N	7	W	U	F	T	6	J
G	R	2	Q	C	A	I	S

信文内容按字母对来加密, 如同波塔加密法. 有三条基本规则:

(1) 如果两个字母出现在同一行中, 那么就取紧靠它们右边的那两个字母. 把每行的右端看作紧连着该行的左端. 换句话说, 一行中末端字母的 “右边” 字母就是该行的首字母.

例如, PO 加密成 ZX.

(2) 如果两个字母出现在同一列中, 那就取它们正下方的那两个字母. 把每列的底看作紧连着该列的顶. 即底部字母的"下边"字母就是同列中的顶部字母.

例如, CL 加密成 LP.

(3) 如果两个字母既不在同一行也不在同一列, 则每个字母用同一行中与另一字母同一列的那个字母.

听上去可能不太好理解, 但举个例子就清楚了. 假设这对字母是 TH. 在第三行中找到 T, 在第二列中找到 H. 就用 7 替换 T, 因为 7 正好在第三行和第二列的交叉格子上.

现在我们来看 H. 它在第一行中, 而它的同伴在第六列中. 在第一行与第六列的交叉格子上是数字 3, 它因此就成了替换 H 的那个符号. 于是, TH 的密文就是 73.

让我们来试一下加密以下的句子:

```
I WILL ARRIVE AT FOUR P.M.
```

(我将于 4 点到达)

首先, 把信文分解成字母对. 如果该对的两个字母是相同的, 就在它们中间加一个哑字母 X. 分解后的信文看上去是这样的:

```
IW IL LA RX RI VE AT FO UR PM
```

请注意, 在 ARRIVE 的 RR 之间加入 X 是必要的, 但没有必要在 WILL 的 LL 之间加. 如果最后只剩下一个字母, 那就再加一个哑字母 X 以凑成最后一对. 在本例中, 不需要加最后的哑字母.

运用上述的三条规则, 我们得到了如下的由字母数字对组成的密文. 它们被 "两对一组" 地写在一起, 这是为了使密文正好排成四个符号一组.

26CY　3CGK　2SY5　3AJP　7QBL

其解密方法同加密方法, 只是当字母对的两个字母处于同一行或同一列时, 要稍作修改. 如果它们在同一行, 那您必须取紧挨着它们左边的那两个字母; 如果在同一列, 那就必须取它们正上方的那两个字母.

这是一种很神奇的加密方法: 使用方便, 破解困难. 戴维 · 卡恩在其《密码破解者》的书中讲述了一个关于它的有趣故事. 普莱菲尔和惠斯通曾经向英国外交部推荐此密码, 当时的外交部次长抱怨说它太难学了. 惠斯通则建议说, 他可以在十五分钟内教会任何一个普通的小学生.

"这是可能的." 次长回答说, "但你永远教不会那些外交官."

谜语 12

Why did the hippopotamus stand on the marshmallow? (河马为什么要站在棉花糖上?)

DJYK　JBFV　4J6T　C3YC　76ZJ　YKSP　SPGZ

3 路易斯 · 卡罗尔的维吉尼亚加密法 (Lewis Carroll's Vigenère Cipher)

这种巧妙的加密方法以 16 世纪法国人布莱瑟 · 德 · 维吉尼亚的姓命名, 他曾经发明了许多种密码并把它们写了下来. 其基本思想的种种变化形式后来被很多人重新发现. 我们这里要介绍的是由路易斯 · 卡罗尔发明的那一种, 卡罗尔是牛津大学的数学教师, 曾经写了《爱丽丝漫游奇境》和《爱丽丝漫游镜中世界》两部著名童话故事. 他在 1868 年, 匿名把他的密码公布在一张卡片上.

卡罗尔所使用的 26 × 26 矩阵如下页图所示:

它与波塔所使用的矩阵同样大小, 但其填写格子的方法要容易得多. 因为它使用的是通常字母, 而且遵循一种易记的规则. 第一行是从 A 到 Z 的标准字母表. 以下各行是同样的字母表, 只是逐行依次向左移一位.

加密时需要有一个密钥词. 在卡罗尔的简短说明中, 他使用了 VIGILANCE (警惕) 这一词来演示如何加密信文: MEET ME ON TUESDAY EVENING AT SEVEN (星期二晚 7 时见我).

密钥词写在信文的上头, 并且尽可能地重复:

```
V I G I L A N C E V I G I L A N C E V I G I L A N C E V I
M E E T M E O N T U E S D A Y E V E N I N G A T S E V E N
```

信文首字母 M 的头上是字母 V. 在矩阵中找到以 V 开头的那一列, 沿着该列往下走, 直到以 M 打头的那

	A	B	C	D	E	F	G	H	I	J	K	L	M	N	O	P	Q	R	S	T	U	V	W	X	Y	Z	
A	a	b	c	d	e	f	g	h	i	j	k	l	m	n	o	p	q	r	s	t	u	v	w	x	y	z	A
B	b	c	d	e	f	g	h	i	j	k	l	m	n	o	p	q	r	s	t	u	v	w	x	y	z	a	B
C	c	d	e	f	g	h	i	j	k	l	m	n	o	p	q	r	s	t	u	v	w	x	y	z	a	b	C
D	d	e	f	g	h	i	j	k	l	m	n	o	p	q	r	s	t	u	v	w	x	y	z	a	b	c	D
E	e	f	g	h	i	j	k	l	m	n	o	p	q	r	s	t	u	v	w	x	y	z	a	b	c	d	E
F	f	g	h	i	j	k	l	m	n	o	p	q	r	s	t	u	v	w	x	y	z	a	b	c	d	e	F
G	g	h	i	j	k	l	m	n	o	p	q	r	s	t	u	v	w	x	y	z	a	b	c	d	e	f	G
H	h	i	j	k	l	m	n	o	p	q	r	s	t	u	v	w	x	y	z	a	b	c	d	e	f	g	H
I	i	j	k	l	m	n	o	p	q	r	s	t	u	v	w	x	y	z	a	b	c	d	e	f	g	h	I
J	j	k	l	m	n	o	p	q	r	s	t	u	v	w	x	y	z	a	b	c	d	e	f	g	h	i	J
K	k	l	m	n	o	p	q	r	s	t	u	v	w	x	y	z	a	b	c	d	e	f	g	h	i	j	K
L	l	m	n	o	p	q	r	s	t	u	v	w	x	y	z	a	b	c	d	e	f	g	h	i	j	k	L
M	m	n	o	p	q	r	s	t	u	v	w	x	y	z	a	b	c	d	e	f	g	h	i	j	k	l	M
N	n	o	p	q	r	s	t	u	v	w	x	y	z	a	b	c	d	e	f	g	h	i	j	k	l	m	N
O	o	p	q	r	s	t	u	v	w	x	y	z	a	b	c	d	e	f	g	h	i	j	k	l	m	n	O
P	p	q	r	s	t	u	v	w	x	y	z	a	b	c	d	e	f	g	h	i	j	k	l	m	n	o	P
Q	q	r	s	t	u	v	w	x	y	z	a	b	c	d	e	f	g	h	i	j	k	l	m	n	o	p	Q
R	r	s	t	u	v	w	x	y	z	a	b	c	d	e	f	g	h	i	j	k	l	m	n	o	p	q	R
S	s	t	u	v	w	x	y	z	a	b	c	d	e	f	g	h	i	j	k	l	m	n	o	p	q	r	S
T	t	u	v	w	x	y	z	a	b	c	d	e	f	g	h	i	j	k	l	m	n	o	p	q	r	s	T
U	u	v	w	x	y	z	a	b	c	d	e	f	g	h	i	j	k	l	m	n	o	p	q	r	s	t	U
V	v	w	x	y	z	a	b	c	d	e	f	g	h	i	j	k	l	m	n	o	p	q	r	s	t	u	V
W	w	x	y	z	a	b	c	d	e	f	g	h	i	j	k	l	m	n	o	p	q	r	s	t	u	v	W
X	x	y	z	a	b	c	d	e	f	g	h	i	j	k	l	m	n	o	p	q	r	s	t	u	v	w	X
Y	y	z	a	b	c	d	e	f	g	h	i	j	k	l	m	n	o	p	q	r	s	t	u	v	w	x	Y
Z	z	a	b	c	d	e	f	g	h	i	j	k	l	m	n	o	p	q	r	s	t	u	v	w	x	y	Z
	A	B	C	D	E	F	G	H	I	J	K	L	M	N	O	P	Q	R	S	T	U	V	W	X	Y	Z	

路易斯 · 卡罗尔的加密矩阵

一行, 其交叉格子上的 H 就是加密字母, 把 H 作为密文的首字母而记下. 对信文中的每个字母做同样的操作. 第二个字母是 E, E 的头上是 I, 以 I 打头的列与以 E 打头的行相交于 M, 于是 M 就是第二个字母的密文. 全部的密文就是:

```
HMKB XEBP XPMY LLYR XIIQ TOLT FGZZ V
```

我们当然可以在原文的最后加上三个空格, 以使密文中的字母个数正好是 4的倍数.

解密的过程稍有不同. 如前, 先在密文的上头重复地写下密钥词. 首字母 H 的头上是 V, 找到 V 打头的那一列, 再往下在该列中找到字母 H, 然后沿着行往左, 找到该行的首字母 M (也是该行的行号), M 就是原文中的首字母. 然后对密文中的每个字母做同样的操作.

卡罗尔写道: “如果不知道密钥词, 任何人都无法解密信文, 即使他有矩阵表.”

不过, 这并不是真的. 专家能够破解这种密码, 当然并不容易. 此密码的种种变形一直属于已有的最受欢迎的密码之列.

同样的矩阵和密钥词可以有另一种使用方法. 您可能会选择使用它而不是卡罗尔的方法, 因为其解密程序和加密程序完全一样. 此方法叫做波弗特加密法, 以发明人英国皇家海军上将弗朗西斯 · 波弗特爵士 (Sir Francis Beaufort) 的姓命名. 在 1857 年, 它在英国以每份 6 便士的价格出卖, 并当作通过电报或明信片发送密信的加密手段.

只需看它如何处理卡罗尔信文中的首字母 M 及其头上的密钥字母 V, 您就能掌握此方法了. 在矩阵左边外的竖直字母表中找到 M, 沿着 M 行往右找到 V, 然后沿着 V 所在的列向上找到居于列首的字母 J, J 就被用作密文中的首字母.

现在我们来看在解密时会发生什么. 在矩阵的左边找到 J, 沿着 J 行往右找到 V, 如前, 沿着 V 所在的列向上找到居于列首的字母, 它正好是 M!

谜语 13

What did the baby porcupine say to the cactus? (小豪猪对仙人掌说了什么?)

XQZA FPUT LWEV?

(用波弗特加密法, 密钥词是 FISH.)

第五章　简单的密码机械

如今, 每个技术发达的国家都在利用计算机进行加密和解密, 尤其是利用计算机来破解敌人的密码. 不仅军队和外交情报官员在使用计算机, 那些大型私人企业现在也把计算机用于企业内部官员之间的绝密通信中. 美国和俄国的间谍卫星以加密的形式传递数据, 而卫星发射国的高级计算机几乎立即就可以把收到的数据解密.

在第二次世界大战中, 日本使用了两套密码体系. 一套是没有什么价值的手工密码, 另一套是非常先进的机器密码: 其加密和解密操作是通过一台精巧的打字机 (美国密码分析专家称之为 “紫色” (PURPLE) 密码机) [1]. 在日本偷袭珍珠港之前不久, 美国的密码分析专家已经成功地破解了这种密码.《芝加哥论坛报》(*The Chicago Tribune*) 是总统弗兰克林 · 罗斯福的死对头, 该报捅出了顶级机密: 美国已经破解了日本人的密码. 但日本的领导人拒绝相信它! 在剩下的战争日子里, 他们继续使用密码打字机. 当然, 美国人读到了他们所有的信文, 从而确保取得巨大的军事优势. 您可以在《密码破解者》第一章里详读这一精彩故事.

美国在二次大战中也使用过密码打字机. 那时我在美国海军波普号护航驱逐舰上担任文书军士. 我们的船在北大西洋巡行, 搜索德国人的潜水艇. 那船在弗罗里达退役封存, 当时从船上搬下来的第一件东西就是放在无线电室里的那台密码机. 时至今日, 我想那台机器一定和福特 T 型车 (Model-T Ford) 一样早已落伍.

然而, 您可以制造许多非常简单的密码装置, 您也同样可以有多种方法来利用普通设备发送密文. 本章下面介绍一些我所了解的最好方法.

---

[1] 本书由于出版较早, 作者并不了解以后 30 多年来逐渐解密的大量资料, 因此他的一些说法是不正确的. 事实上, 在二战期间日本所使用的密码体系远不止两套. 其中 "紫色" 密码在外交官员中使用, 美国在破解它之后获得了许多重要的战略情报, 但在军事上帮助不大. 日本海军使用 JN 系列密码, 其中日本联合舰队使用的 JN-25 是手工密码, 它绝非如作者声称那样没什么价值, 事实上很难破译. 但美国人后来还是破译了它, 这使得美国人取得了对日本的中途岛海战的胜利 (当时只破解了约 10%的密码), 并成功击毙了日本联合舰队司令山本五十六. 有兴趣的读者可看最近出版的数学文化小丛书《二战时期密码决战中的数学故事》(作者王善平, 张奠宙: 高等教育出版社, 2008)——译注

1 打字机加密法 (Typewriter Codes)

普通的打字机可以提供多种简单的替换加密方法. 例如, 不要击打表示正确字母的那个键, 而是击打它上头偏左的键; 您也可以选择击打它的右旁键, 或击打上头偏右的键.

如果您选择击打上头偏左键的方案, 那么 I LOVE YOU (我爱你) 打字后成了:

8 09F3 697

而如果您选择击打右旁键的方案, 那又成了:

O :PBR UPI

为了让密码更难被破解, 您可以将上述两种方案交替使用, 并且从击打上头偏左键开始, 那就得到:

8 :9B3 U9I

其解密方法同往常一样, 就是把加密过程反过来执行: 如果密码使用的是击打右旁键的方案, 那就通过击打密文中每个字母的左旁键来解密. 其他加密方案的解密方法类似可得.

谜语 14

What do ghosts chew? (幽灵们在嚼什么东西?)

NPPN:R HI,

(使用右旁键加密方法.)

2 电话机拨盘加密法 (A Telephone Dial Code)

这种巧妙的加密方法利用电话机拨盘作为密文字母表.

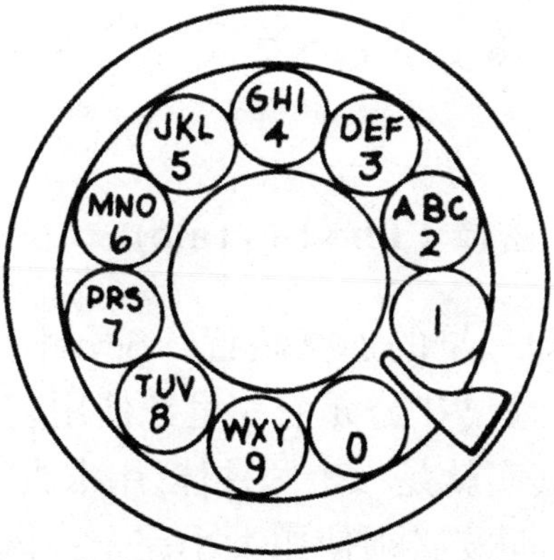

用作加密的电话机拨盘

如图中所示, 在拨盘上每 3 个字母形成一组, 由一个数字来代替. 加密时, 在拨盘上找到待加密的字母, 然后写下它的替代数字. 如果该字母在其小组中按字母表的顺序排在最前, 那就在该数字头上加一根左斜线; 如果字母按顺序排在最后, 那就数字头上加一根右斜线; 如果字母排序居中, 那就给数字加一根竖直线.

注意到, Q 和 Z 是仅有的在拨盘上找不到代表数字的两个字母. 由于数字 1 和 0 上没有任何字母, 因此您可以用 1 表示 Q, 用 0 表示 Z.

I LOVE YOU 用电话机拨盘加密后, 就成了:

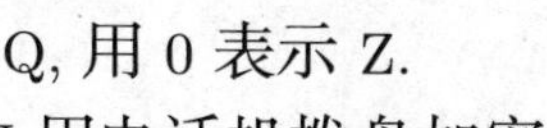

谜语 15

What's green and goes "chug, chug, chug"? (什么东西是绿色的, 走起路来 "嘎擦, 嘎擦, 嘎擦"?)

```
\ |  / | \ | / \ | \   \ / / | / |
2 6  6 8 8 2 6 2 7 3   7 4 2 5 5 3
```

3 斯巴达加密棒 (The Scytale)

这是已知最早的加密装置, "Scytale" 是其拉丁名字, 斯巴达人最早在公元前 5 世纪使用它.

此装置其实就是一个圆柱体, 用木头或其他材料做成. 您和您的朋友必须使用大小完全一样的加密棒. 可以使用普通的铅笔作为加密棒, 但它太细, 使用不方便. 而且, "敌人" 他也有铅笔! 最好使用 2.5 厘米或更粗的棒. 卷筒纸巾或卫生纸中的那个硬纸筒就很好用.

要加密信文时, 取一长条纸, 以螺旋状绕在棒上. 您可以在任意一家文具店里买到加法器用的纸卷, 它最适合用在加密棒上. 卷上纸条后, 在上面沿着棒的长度方向一行一行地写字, 如下图所示.

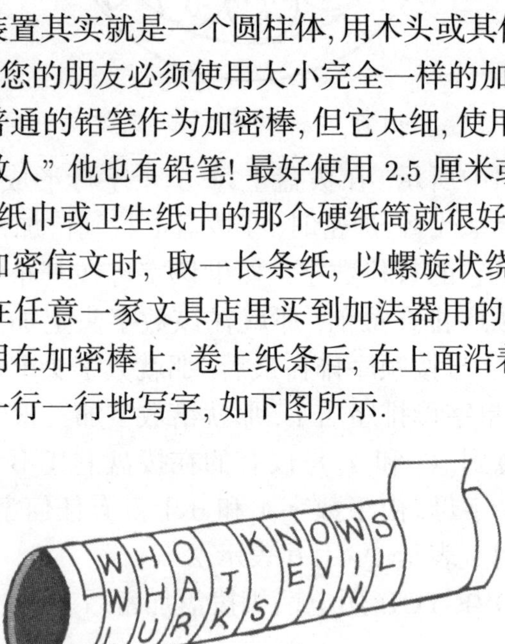

斯巴达加密棒

当纸条取下来之后, 上面的字母就像在换位加密法中一样, 被彻底打乱.

解密很简单. 只需用同样的方式把纸条绕在与加密时用棒同样粗细的棒上即可. 正如戴维 · 卡恩在《密码破解者》所说, “那些字从一个圈跳向另一个圈.”

4　阿尔贝蒂圆盘 (The Alberti Disk)

如图所示,

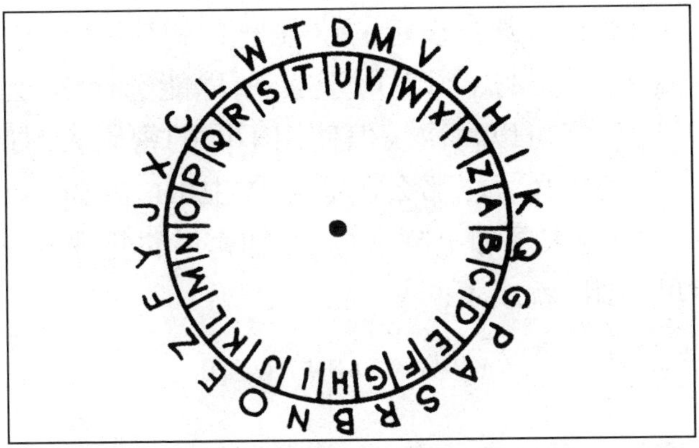

阿尔贝蒂圆盘

这种简单的轮式装置可以迅速提供 26 套不同的替换加密字母表, 而您可以利用它来实现上千种不同的替换加密方法. 该装置的制作很简单, 只需从硬纸板上刻下一个圆盘, 然后把它放到另一张硬纸板上, 用纸扣钉通过圆盘中心扣住.

请注意, 里面一圈写在圆盘边缘上的 26 个字母按正常的字母表顺序; 但外面一圈写在背景硬纸板上的字母是随机排列的. 当然, 您和您的朋友必须使用完全一样的轮式圆盘.

在写密文之前, 转动圆盘直到您所中意的字母正好对着圆盘边缘上的字母 A, 这个在外圈上的字母就成为您的密文中的首字母; 以后就保持圆盘位置不动, 对于信文中的每个字母, 先在内圈字母表上找到它, 然后使用它所对应的外圈字母. 收信者只需按照密文中的首字母设定好自己的圆盘位置, 然后他就可以利用它来解密.

在上图中, 圆盘设定的位置是 K 对应于 A. 因为可以有 26 个不同的字母对应于 A, 所以能选择 26 套不同的字母表. 您可以每次发信使用不同的密码表. 如果按上图所设定的位置, 那么在信文 WHERE IS BOB (BOB 在哪里?) 的末尾加上哑字母 X, 加密后再把密文分为 4 个字母一组, 就成了:

KVBA LANW QJQU

这是一种单表加密, 这意味着它并不难破解. 要将阿尔贝蒂圆盘用于多表加密, 使之极难被破解, 只需简单地在每加密一个字母之后就转动一次圆盘, 其转动程序可任由您定. 一种简单的程序就是每次让圆盘顺时针 (或逆时针) 转过一个字母. 您可以很容易地想出更复杂的程序. 比如说, 第一次转过一个字母, 第二次转过两个字母, 接着是三个字母, 然后再次从 "转过一个字母" 开始, 进行刚才的步骤. 不断地重复, 就得到了 1-2-3-1-2-3-1-2-3· · · 这样的序列.

另一种更复杂的程序是令圆盘按一组随机数字转动, 这些随机数可以通过密钥词来记忆, 就如本书第一章 "用密钥词置乱" 节中所介绍的. 您会记得, 在那里我们是如何用 FRANK 这一词来表示数字 25143 的. 如果所有人都知道这一密钥词, 那我们就可以这样加密: 令圆盘第一次转过两个字母, 然后转过 5 个, 再转过 1 个, 等等; 并且重复使用这组数字.

稍微动一下脑筋, 您就可以设计出五花八门的多表加密程序, 使它们几乎不可能被破解. 但是它们不能太复杂, 否则将使人很难做到快捷地加密、解密, 并少犯错误.

这种加密装置最早的发明者是莱昂 · 巴蒂斯塔 · 阿尔贝蒂, 15 世纪的一位意大利建筑师. 他写的关于密码的著作, 使他获得了 "西方密码学之父" 的称号. 阿尔贝蒂圆盘后来被许多人重新发明. 您也许曾经在一个早饭盒里收到过作为奖品的阿尔贝蒂圆盘. 如果确实有过, 那您就拥有了一个密码史上最古老、变化最多的加密设备.

谜语 16

What word does everybody in California pronounce wrong? (哪个词使得加利福尼亚每个人都读错 (wrong)?)

X Z R P G M

(使用上图中的圆盘, 不过内圈的 A 对应于外圈的 X, 如密文中的首字母所示.)

5 托马斯 · 杰弗逊的转轮加密器 (Thomas Jefferson's Wheel Cipher)

这种神奇的、巧妙的多表加密装置使用了多片转轮, 其发明者不是别人, 正是美国第三任总统托马斯 · 杰弗逊 (Thomas Jefferson). 杰弗逊把它叫做 “转轮加密器”, 其中有 36 片同样大小的木制转轮, 套在一根铁杆上, 每片转轮的圆周上写有乱序的字母表. 下图取自戴维 · 卡恩的书, 其中显示了一个有 25 片转轮的加密器, 它曾经在美国军队中使用过.

如图所示,

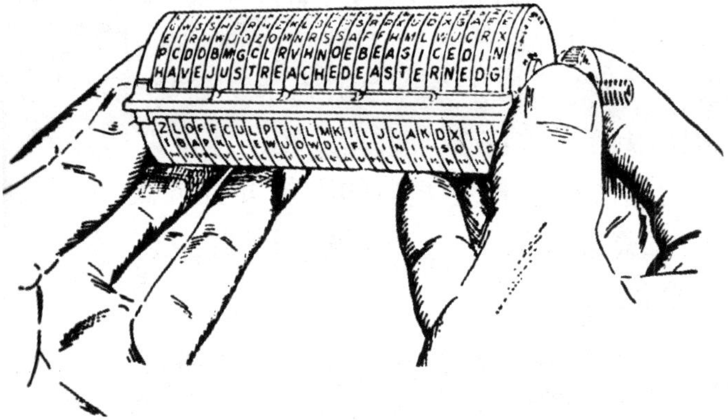

托马斯 · 杰弗逊转轮加密器

在图中, 这些转轮设定的位置使得它们正好在横杆上方显示一行字母: “Have just reached eastern edg.” (刚刚到了东界.) 这是信文的头 25 个字母. 加密者只需写下其他任意一行字母就得到了密文. 解密时, 设定转轮使得密文字母正好排成一行，然后察看此圆柱体加密器一圈，寻找出现有意义文字的那一行字母. 杰弗逊写道："其他行的字母都将是混乱的、无意义的，因此他不会犯错而找不出真实的文字来."

很容易制作一种简化装置. 从硬纸板上刻下 6 个不同大小的圆盘，把它们放在另一张硬纸板上. 如下图所示.

杰弗逊转轮的平面化

用一根长的纸扣钉穿过这些圆盘的中心，把它们扣在硬纸板上，并且让它们都能转动. 在每个圆盘的外缘上各有 26 个格子，其中包含以随机顺序排列的 26 个字母.

加密时, 首先把信文分为 6 个字母一组; 转动圆盘, 使得开头的 6 个字母正好形成一条直线, 并且按从里面最小圆盘向外面最大圆盘读的方向. 在图中, 箭头指向一行字母, 其拼写是 REMEMB. 它们是以下一段信文的开头 6 个字母:

REMEMBER TO SEND MAP

把整个 “车轮图” 扫视一遍, 您会看到没有别的一根 “辐条” 包含了可以作为英语句子开头的 6 个字母的情况. 当然, 偶尔有机会使得另一根辐条也有意义, 但出现这种情况的概率非常低. 您使用的圆盘越多, 碰巧的概率就越低, 因而更容易认出哪一根是正确的辐条. 6 圈的轮子已足够好. 但如果用 10 圈的轮子那就更好, 因为您就可以把信文分为 10 个字母一组.

下一步就是任选另外 25 根辐条中的一根, 把在它上面的 6 个字母抄下来. 例如, 您可以选从 REMEMB 开始, 顺时针方向第 4 根的辐条, 其字母是:

J F D C L R

现在重新转动圆盘, 使其在任意指定的一根辐条上拼出信文的后面 6 个字母: ER TO SE. 重复同样的程序. 对于您在转轮上对齐的每一组的 6 个字母, 任选一根乱字母的辐条, 把上面的 6 个字母抄下来用作密文. 继续这一程序直到全部信文都被加密.

解密时, 收信者将密文分为 6 个字母一组, 设定圆盘使得密文开头的 6 个字母 JFDCLR 排成一行. 扫视 “车轮图” 直至找到有意义的一行. 对于每组的 6 个字母重复这一过程, 直到解密全部密文.

杰弗逊转轮几乎 (并非完全!) 是不可破解的. 卡恩透露说, 在 1922 年它被彻底改造, 并在军队中使用. 他补充道, 美国海军至今仍在使用它.

谜语 17

What would your nose be if it grew 12 inches long? (如果您的鼻子长到 12 英寸长, 那它会是什么?)

W　BJWR

(使用上图中的转盘.)

6　网格板加密法 (Grilles)

所谓网格板就是用硬纸板或其他材料做成的正方形或矩形, 其中一些地方被挖空. 这种利用网格板以实现字母或单词换位的基本思想可以追溯到卡尔达诺 (Girolomo Cardano), 一位 16 世纪的意大利数学家. 其使用方法是: 把网格板放在一张空白信纸上, 在板上 "开窗" 的地方写上信文的字母或单词, 然后把网格板移开, 继续在已写字母之间的空白处填上 "哑字母", 使得信文的真实内容被伪装起来. 收信者只需使用同样形状的网格板覆在信纸上, 就可以把哑字母遮住, 并能通过那些窗孔读到真实的信文.

卡尔达诺只使用了网格板的一个位置. 后来发明的网格板则可以旋转使用, 这使得矩形信纸上的每一格都包含了原信文中的一个字母, 只是字母顺序被搞混. 实际上, 德国人在第一次世界大战临近结束的一个短时期内, 曾经使用过这种旋转的网格板.

要做一个 6 × 6 的网格板，可用直尺在硬纸板上画一个带有 36 个格子的正方形，并且给每个格子按下图所示的方式编号：

5	6	7	8	9	5
9	2	3	4	2	6
8	4	1	1	3	7
7	3	1	1	4	8
6	2	4	3	2	9
5	9	8	7	6	5

网格板制作中的网格编号方法

任意挖掉一个编号为 1 的格子，再挖掉一个编号为 2 的格子，接着挖掉一个编号为 3 的格子，如此下去，直到一共挖掉了 9 个格子. 这时的网格看上去可能就像下图所示 4 种式样中的一种.

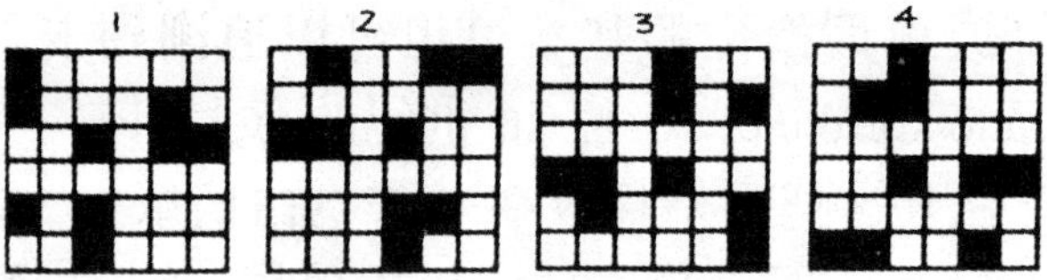

处于四个不同位置的网格板

我们称每个被挖掉的格子为一个“孔”或一个“窗口”，尽管两个或更多的格子之间可能会相连.

在一张白纸上画一个同样大小的正方形，然后把网格板覆在正方形上，此时网格板可能出现四种不同的位置，您可以任选其中一个；把信文的开头 9 个字母写入 9 个孔中，其书写顺序任您选：比如说，您可以按从下到上、从右到左的顺序写. 当然，您的朋友必须知道您的书写顺序以及网格板的初始位置.

现在, 把网格板顺时针转过四分之一圈, 或者您也可以选择逆时针旋转, 然后按与先前同样的顺序写下接续的 9 个字母. 再把网格板朝同一个方向旋转四分之一圈, 您就可以再写 9 个字母. 最后一次旋转网格板又可以多写 9 个字母. 如果信文短于 36 个字母, 这并不要紧, 您可以在任何您想停的地方停下来. 如果信文长于 36 个字母, 就把网格板移到信纸另外的空白处, 或者使用另一张纸, 然后继续相同的操作, 直到全部信文都已被加密. 上图中显示了网格板顺时针旋转的 4 个位置. 如果您仔细观察这张图, 就会发现在各个位置上网格板的 9 个孔所对应的 9 个格子都是互不相同的.

您可以直接把填满了乱字母的矩阵图寄给收信人, 但这样做很危险, 因为截获此信的敌人很可能根据图形就判断出您使用了网格板加密. 最好的办法是, 把字母抄写在另一张纸上, 4 个字母一组地逐行抄写, 这样就不会泄露关于您使用了哪种加密方法的任何线索. 再次强调一下, 您可以使用任何的抄写程序, 只要让所有的密码使用者都知道此程序就可以了.

让我们假设您是从上行到下行, 每行从左到右地抄写, 即人们通常的阅读顺序. 收到密文的人先画一个适当大小的6×6方格图形, 然后把密文写入格子中, 按每行从左到右、从顶行到底行的顺序. 他把复制的网格板按初始的位置放在方格图上. 下一步是把在孔中出现的字母抄写成行, 这一次是按列取字母, 从下到上, 从最右列开始, 然后往左 (或者按先前约定的把字母写入网格板窗口内的任何顺序). 在抄写完 9 个字母后, 他把网格板顺时针转四分之一圈, 到第二个位置上, 然后抄写新一组的 9 个字母. 再转两次后, 他就能抄写下原文中的 36 个字母, 并且是按它们的正常顺序.

这当然是一种复杂的换位加密方法. 网格板在这里作为机械工具, 它既当加密器自动地把字母搞乱, 又当解密器有效地把它们复原.

以下是一段密文, 它是利用上图所示的网格板并采用了前述的加密程序:

GSJT LHUK ESWL TILT EHSO HATE ATOS SEEO HAEH

注意到密文中偶然出现了两个单词 "tilt" (倾斜) 和 "hate" (怨恨). 它们与信文的内容没有一点关系!

如果您已经制作了一个像上图所示那样的网格板, 那您就试试看多快能解出这段密文.

任何含有平方数格子的正方形网格板都可以用. 但如果一边格子的个数是奇数的话, 如 5×5 或 7×7 的网格板, 那中心的这个格子就不能用. 道理是这样的, 如果在中间的格子上开个孔的话, 那么当网格板旋转时, 这个空会仍然留在原来的位置. 在这种情况下, 最好不要开这个中心孔. 可以在中心的格子上放一个哑字母, 或者让它保持空白, 随您选择.

给网格板的朝上一面做上某种标记是一个好主意. 当然, 如果让网格板的两面都能贴放在纸上, 那也很好: 这意味着把它翻过来后, 您又得到了一块不同的网格板. 后一块是前一块的镜像, 它产生不同的密文. 因此, 每块网格板实际上可以产生两套不同的加密系统.

这里是一道数学作业: 您如何给 8×8 方格图中的 64 个方格编号, 使得它可以做成一个含有 16 个窗口的网格板, 经过旋转可以使窗口覆盖到所有 64 个方格.

讲述把旋转的方网格板用于加密的最有名小说, 是儒勒 · 凡尔纳 (Jules Verne) 写的《桑道夫伯爵》(*Mathias Sandorff*, 1885). 书中的密文被写成方阵形式. 并不需要任何的密码分析, 因为书中的主人公已经认识到他们看到的是用旋转的网格板写成的密文, 并且还找到了一块网格板. 凡尔纳告诉他的读者, 如果没有相应的网格板这种密码是无法破译的. 这句话表明凡尔纳对于密码分析知识的了解是多么的贫乏.

下图显示了一个不同类型的网格板. 它是矩形的, 而且其开口也为矩形, 这可以使您在上面写单词而不是字母.

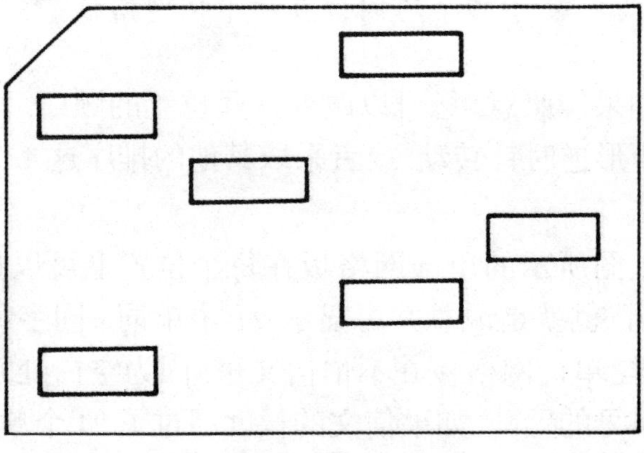

可翻转的单词网格板

同方形网格板一样,矩形网格板也有 4 个不同的位置,只是其中有两个位置必须把网格板翻转,使其背面朝上.剪掉一个角可以使正确转动网格板变得容易.如下图所示,网格板第一个位置的缺角是矩形的左上角;当它从左翻到右时,缺角也移到右上角;再把板从上往下翻,缺角又到了右下;最后把它从右翻到左,缺角转到左下.

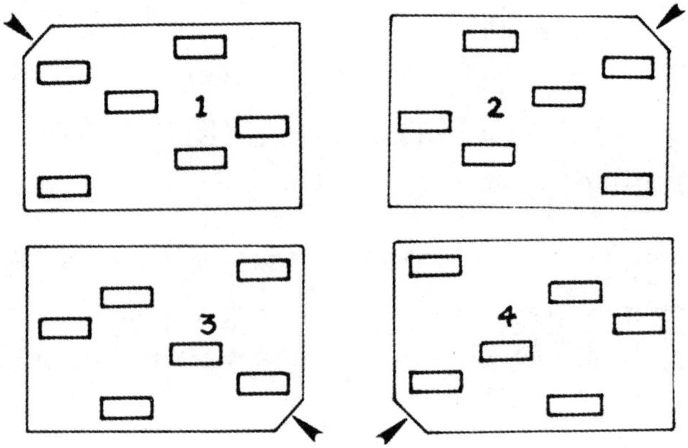

处于四个不同位置的单词网格板

如果您愿意,您可以改变这些位置的顺序,使得缺角绕矩形逆时针转动,或者采取其他的排序这 4 个位置的方法.

上图所示的单词网格板在每个位置上可以显示 6 个单词,也就是说总共可显示 24 个单词.同字母网格板一样,单词网格板并不怕信文短,因为空白处并不影响对字母的置乱.如果信文的长度超过了 24 个单词,那就把网格板移往他处,或移至另一页纸上.没有什么能阻止您使用多页纸张发送很长的信文.

每次您使用网格板进行加密或解密操作时, 最好先用铅笔沿着网格板的边缘把它的轮廓画下来. 这样您就可以确保把它按其 4 个位置之一准确地摆放. 如果单词太长, 在一个窗口中写不下, 那就在一个窗口中写一半, 而在下一窗口中写另一半. 两个短的单词则当作一个单词写在一起.

以下所示的密文是这样得到的: 把信文中的单词按从左到右、从上到下的顺序写在所有的窗口中; 然后从已经写满的矩形上抄下单词, 也是从左到右、从上到下, 如同读书的顺序.

```
FOR  ASCRAM  SEE  OFTHE  HOW  FASTEST  SENDING
BLED  METHODS  QUICKLY  MESS  SECRET  AGE  CODE
EVER  YOU  MESS  THIS  CAN  INVEN  DECODE  TED
AGES  ISONE
```

试着这样做一个翻转网格板: 把那张大图中的网格板图样复制在一个硬纸板上, 然后把它剪出来. 现在您用做好的网格板来解密这 24 个 "单词", 看看能得到什么结果.

记住: 您在开始时不能用网格板来覆盖实际的信文. 您必须首先画一个同您的网格板一样大小的矩形; 然后把网格板按其 4 个位置轮流放在矩形上, 并用铅笔划出那 24 个矩形框; 接着把密文中的单词按从左到右的顺序写入这些框中. 现在您就可以用网格板按原来的顺序读这些单词了.

7 三角形加密法 (The Triangle Code)

要制作这种随手可得的加密小工具, 首先在一张纸的中间画一个等边三角形, 然后把 26 个字母和带圈的句点按适当的顺序写在三角形的外边. 符号之间必须是等间距的, 如下图所示.

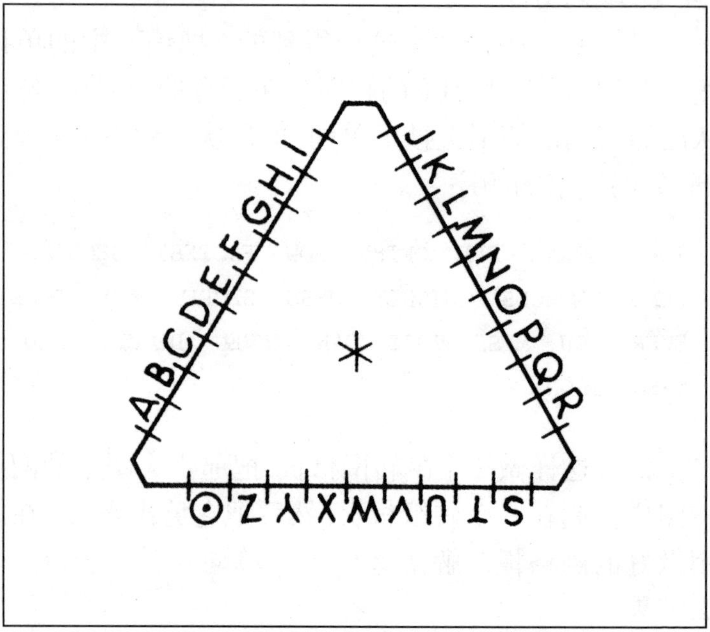

在一张薄卡片纸上画一个同样大小的三角形, 然后把 26 个字母加带圈的句点写在三条边的内侧, 不过是按随机的顺序. 再画一个指向某个角的箭头. 把卡片上的三角形剪下, 放到纸三角形的上面, 令箭头朝上, 如下图中的图 1 所示:

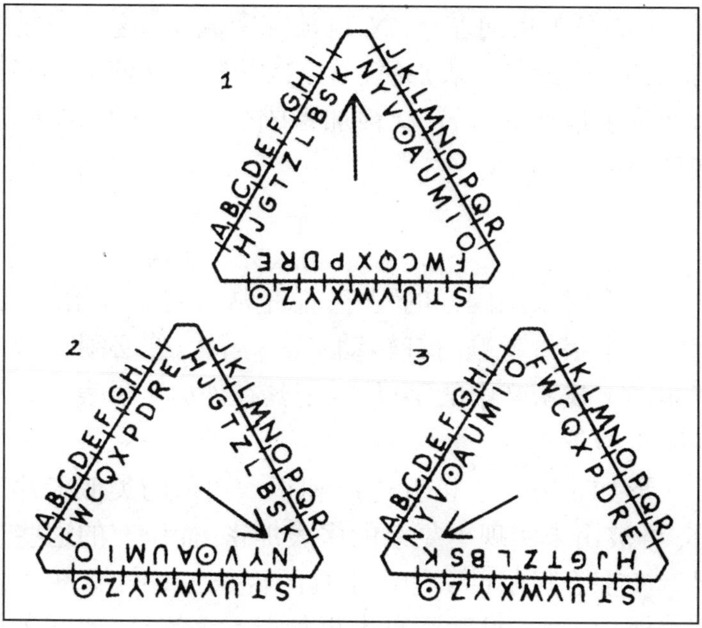

旋转三角形的三个位置

(写在纸上的) 三角形外边的字母表用作信文的字母. 写在卡片三角形上的字母则用于产生密文.

假设您要加密 SEND (发信) 这一词. 令卡片三角形的箭头向上 (如上图 1 的位置), 在三角形外边的字母表上找到 S. 而在卡片三角形上对应于 S 的是 F. 把 F 写下, 以作为密文的首字母.

顺时针转动卡片三角形, 使其与纸三角形再度重合, 而箭头则指向右下. SEND 的第二个字母是 E, 这次对应的是 X, 它也被写入密文.

再次顺时针转动卡片三角形, 使其到达第 3 个位置, 这次箭头指向左下. N 也被加密成 X, 这表明此加密工具产生的是多表加密. 下一次的转动又使卡片三角形回到了最初的位置. D 被加密成 T. 于是, SEND 的密文就是:

F X X T

解密时采用同样的程序: 总是从位置 1 开始, 每加密完一个字母就顺时针转动一次. 当然, 您必须在卡片三角形上找密文中的字母, 并把其在外边字母表中的对应字母抄下来.

形如正方形、正五边形和正六边形的类似卡片工具, 可被用来实现更复杂的多表加密. 而所有的这些工具其实都是阿尔贝蒂加密工具的特殊变形[1]. 您想一想就会明白, 阿尔贝蒂圆盘中再加上一个符号, 使圆盘分为 27 份 (3 的倍数), 这样就能用来加密或解密三角形密码: 您只需在每次加密或解密一个字母后, 把圆盘转过 9 个字母. 不过, 卡片三角形可令您以更轻松更快的方式完成同样的工作, 而且更不容易出错.

谜语 18

What goes "99-thump, 99-thump, 99-thump"? (什么东西走路 "99-砰, 99-砰, 99-砰"?)

HCAA　YOMX　ΘZAO　WRNX　LPTX　XVXM

[1] 原书及以下均误为 "波塔加密工具" 或 "波塔圆盘"——译注

第六章　隐迹书写术

一种古老的、与密码术完全不同的密写方法，就是用隐迹墨水书写，这种墨水只有经过某种处理才会显现. 隐迹墨水的使用和文明一样古老，而且今天的间谍仍在使用它们.

最好的密写墨水是用一些特殊的化学物制成的，它们只有在化学品商店里有供应. 如用硫酸铜制成的墨水，经氨水熏后就变成红色；用无色的硫酸铁溶液写成的文字，经棉花蘸氰酸钾擦拭后变成中湖蓝色 (bright blue)，或经涂上苏打 (碳酸钠) 水后变成褐色. 它们常被称为"隐显墨水" (sympathetic inks)，其制作配方有数百种. 用这些墨水写的文字需用另一类叫做"显示剂" (reagent) 的化学物处理后才能显现. 此类化学物中有些是危险品，除非您精通化学并有正确的预防措施才能使用它们. 以下所介绍的隐迹书写方法都是安全有效的, 而且使用的材料很容易获得.

职业间谍几乎不会把隐迹墨水写在空白纸上, 因为它如果被截获的话很容易引起怀疑. 一般的做法是, 按通常的样子打印或手写一份假信, 然后用隐迹墨水在行间写上密文. 也可以把密文写在看上去很平常的信件或照片的背面; 或与可见文字形成一定的角度, 把密文斜写在信纸上.

另一种常用的做法是, 把隐迹墨水涂在书或杂志中分散的字母上. 收到书或杂志后, 就令墨水显迹, 然后顺序读这些有标记的字母, 就获得了信文内容.

隐迹书写也可以与密码术一起使用. 即使敌人对于一份隐迹信文起疑, 并已设法使其显迹, 但他仍无法读懂它, 除非他还能够破解密码.

1 加热显迹的墨水 (Inks That Develop When Heated)

几乎所有的柑橘类水果汁都能够用作隐迹墨水. 拿它来写字时最好用小画笔而不用钢笔, 因为钢笔尖的压力会在纸上留下痕迹, 这种痕迹常常可在斜光下看见. 如果您确定要用钢笔, 就必须使笔尖完全清洁; 否则的话, 残留在笔尖中的旧墨水会与隐迹墨水混合, 使后者显现. 还有, 一定要使用未上过涂料的软纸, 使得墨水可以透入纤维中. 如果您用了上过涂料的纸, 如打字机用的高级铜版纸, 那墨水就会在其表面上干涸, 而这就像压痕, 也会在斜光下显现.

用柑橘类水果汁做的墨水写的信文可通过在电灯泡上慢慢加热信纸而令其显现. 千万不要用真的火, 它太热了, 结果几乎肯定会把纸烤焦, 或令其着火. 最好用一个 150 瓦的电灯泡. 但要注意, 不要让纸靠灯泡太近, 否则它会被烤焦, 而且您也有可能烫伤手指. 另一种方法是用热熨斗熨纸.

柠檬、桔子或葡萄汁, 如其他所能用的材料一样好使. 洋葱汁也能用. 它们就像大多数用有机物质做的隐迹墨水一样, 在慢慢加热后都会变成褐色.

2　会变成红色的墨水 (An Ink That Turns Red)

酚酞是一种白色粉状物, 当它在溶液中与碱性物混合时, 就会变成深红色. 魔术师常用它来玩 "水变酒" 的把戏.

药店里可能不会卖给您纯酚酞. 但它是多种泻药的主要成分, 所以您可以买泻药. 比如说买 Ex-Lax, 这种普通泻药可以做成很好的隐显墨水. 把一片 Ex-Lax 放在约半盎司量 (美制液体 1 盎司≈ 29.571 毫升——编注) 的外用酒精溶液中弄碎, 确保药片全部溶解, 隐显墨水就做成了.

用毛笔蘸墨水写密文. 当墨水干了, 字就看不见了. 要让它显现, 用一小块棉花或清洁布在家用氨水 (或其他任何的弱碱性 (原文误为 "强碱"——译注) 物质, 如溶在少量水中的苏打) 中沾湿, 然后轻按在信纸上, 其中的文字会立刻变成紫红色显现.

注意不要用棉花擦信纸, 这样做会弄污上面的字母. 等信纸干了, 红色字母又不见了.

3 在黑光中闪耀的墨水 (Inks That Glow in Blacklight)

有许多物质可以用来制作一种隐迹墨水, 它们会在紫外射线 (即所谓的 "黑光") 下发光. 这种墨水现在已被广泛用于溜冰场、舞厅和游乐园, 用它在您的手背上盖个戳, 以便在您要离开一会儿再返回时, 确认您已经付过钱而允许进入. 银行使用黑光来查看证件上通常隐形的签名. 迷幻海报 (psychedelic posters) 使用只有在黑光下才会闪耀出现的色彩, 目前已经很流行.

要制作只能在黑光下看见的墨水, 其最简单的方法是将含有衣服增白化学成分的任何牌子的家用洗衣粉 (不要用洗碗的洗洁精) 溶于水中. 这种人工增白剂受到太阳光中的紫外线照射会被激活. 与您可能在其他地方听说过的相反, 面粉、烹饪用淀粉、苏打粉以及阿司匹林的溶液不起作用——至少在您以下要用的那种黑光下不起作用.

当然, 您和您的朋友必须要有黑光源. 电器商店或许多五金商店都供应荧光紫外线灯管, 可正好装入标准的荧光灯管支架中. (您可以从新泽西州埃德蒙科学公司邮购这种灯管, 该公司还出售与此类灯管配套用的整瓶装隐显墨水)

一点提醒: 短波紫外射线会损害眼睛和皮肤. 请确保只使用发射长波紫外射线的灯管. 埃德蒙公司的商品目录上有几页是关于长波黑光灯管及其配件的. 如果您要从五金店或电器店购买, 请确认买那种价格较贵的、带有过滤有害短波紫外线装置的长波黑光管. 即使是长波带过滤装置的灯管, 您也应该在打开它时戴上黑色的太阳镜, 并且避免直接看灯管.

有必要测试一下, 以确定哪个牌子的洗衣粉效果最好和要加多少水. 水加得太多会使发光变弱, 加得太少则溶液太浓, 会在纸上留下看得见的痕迹. 纸张的种类很重要. 避免使用任何的白纸, 如大多数的打印机纸, 此类纸本身就会在黑光下发亮. 颜色较深的纸或表面较硬的纸效果最好. 明信片和文件卡片纸很理想. 薄光泽打印机纸的效果也很好, 但薄黄纸的吸收性太强.

在经过了一些试验后, 您应该已不太费事地制成了很好的墨水, 它在日光下是看不见的, 但在黑光的照射下, 它就会像发光涂料一样, 发出一种奶白色的光.

因为打印机纸也会在紫外射线下发光, 于是有了一个新想法: 是否有可能用一种不会在黑光下发光的材料在打印机纸上写字, 以使这些文字在紫外射线下显现? 我找到了一些有这样效果的材料, 不幸的是, 它们在纸上留下的字迹都很容易在斜光下看出, 或把纸背对强光下看出. 出现这种情况的例子有: 粉笔写字和在用于修正打印错误的专用白纸上打的字. 用烹饪淀粉或类似白色物质的水溶液来写字, 当这些字干了后是看不出的, 但它们在紫外射线下也不会显现成黑色的字.

也许您能够发现一种在打印机纸上写“黑字”的简单方法: 这些字只有当打印机纸在紫外射线下发光时才会显现.

4 撒上粉末才显现的墨水 (Inks That Appear When Powdered)

此类墨水中效果最好的一种是平常的纯牛奶. 拿毛笔蘸着它在厚硬面纸上写字, 或在薄卡片纸 (如文件卡片纸) 上写.

要使文字显现, 用任何一种黑色粉末在纸上擦就行. 香烟灰、石墨粉和木炭屑等都能用. 还有一个好方法是用刀削铅笔尖, 让削下来的粉末落在纸上. 用您的手指尖蘸着这些石墨粉末, 然后在那些看不见的字上擦.

5 信纸变湿才显现的文字 (Writing That Becomes Visible When the Sheet Is Wet)

有许多化学配方能制作这种隐显墨水, 它们只有当信纸被水弄湿后才会显现. 我在这里介绍一种很有价值的、几乎没什么人知道的产生这种文字的方法: 它不需要用任何的墨水! 作为替代, 您要用一种水印记号: 这种看不见的记号被压印在纸上. 压力改变了纸张的纤维结构, 使得水印记号可以在纸张被弄湿时显现; 或在有些场合下, 把纸张放在强光前时显现. 水印标记会做在那些很重要的邮票上, 使其很难被伪造; 也会做在那些高质量的纸张上, 用于识别制造商.

您可以用如下的方法自己制作水印: 把一张纸浸入水中, 然后把它捞起平贴在窗玻璃或墙面镜子上; 在它上面再覆一张干纸; 在干纸上写您的密文, 用圆珠笔或硬度适中的铅笔写, 铅笔尖不能太尖; 写的时候要用力; 写完之后, 把干纸取下撕碎; 这时可以清晰地看到留在湿纸上的文字.

当湿纸干了, 上面的文字就会消失, 没有一点痕迹! 但把纸放在水里, 文字会立即显现!

6 在斜光下可见的文字 (Writing That Can Be Seen in Slanting Light)

此方法也是利用压力来改变纸张的纤维结构. 如前, 把一张白纸放在另一纸上. 但现在的两张纸都是干的. 用圆珠笔或硬铅笔在上面的纸上写字, 要使劲, 然后把上面那张纸撕碎.

把另一张纸拿到暗室中, 用一支笔型电筒以尽可能垂直的角度照射它, 就能看到在它上面的文字. 手电筒的镜面应正靠在纸边. 摄影师称此为 "耙检光" (raking light), 因为它像耙地那样检出纸面上每处最细微的不平整. 如果您没有小手电筒, 那就在一片黑色不透明纸上挖个小洞, 然后把纸贴在大手电筒的镜面上.

用此方法 (也可用化学物或其他方法) 来查看纸上细微的印记, 这是警察和间谍们经常做的. 有时候, 当在便条纸上写下文字并且把纸条撕走之后，印记就会留在下面那页纸上，甚至下面几页纸都有印记，这些印记可以用一束细光对纸张进行耙检而发现.

7 在耙检光下可见的打印文字 (Typing That Can Be Seen in Raking Light)

不用圆珠笔或铅笔，用打字机也可以打出很好的压印文字，它们只能在耙光下被看见. 径直把两页空白纸放入打字机，然后打您的信文，把已打上字的那页纸撕碎，留下的这页纸上有压印，但是看不见.

把此页空白纸拿到暗室中，用手电筒光靠在页边耙照，那些压印字母就会清晰地显现出来.

一种很好的加密方案是：先打印一份假信，用通常的打字机黑色带和两倍的行距；然后把那页纸取出，在它上面放另一页纸，把这两页纸重新放入打字机，再打印密文，且正好打印在假信的两行之间.

如果您愿意，也可以把密文直接打印在纸上，此时要把那根让击键碰到色带的横杆拆下. (用打字机刻写油印蜡纸时也是这样做的.) 注意保持击键的清洁，而且击打不要太重，以避免使打印字迹显现在普通光下. 使用此方法的缺点是，您看不到所打的文字内容，但它确实可令在假信的两行之间打印看不见的文字变得容易.

第七章　稀奇古怪的送信方法

间谍们为发送秘密信文使用了种种奇特的方法，讲也讲不完，其中有许多方法是不实用的．比如说，把一位姑娘的头发剃光，在其头皮上刺写信文，让她的头发重新长好，然后派她出去．或用包有信文的食物喂猫，把猫送出，然后把猫杀了以获取信文．还有，半盎司 (1 盎司≈ 31.1035 克——编注) 明矾和一品脱 (≈ 0.5683 升——编注) 醋配成溶液，用它在鸡蛋壳上写字，再把鸡蛋煮熟送出；去掉蛋壳后，就可以看到那些文字印在蛋白上．

就在第二次世界大战前夕，德国人发明了“微点摄影术”(microdots)，并用它来传递密信：整张打印纸或图纸的照片被缩成如同印刷符号句点一样的大小．此密术直到 1941 年才被美国侦知：当时的联邦调查局在一名德国间谍所携带的信中找到了这样的微点,并发现这个粘在信纸上的小不点竟然是一张照相底片,把它放大后,隐藏的密文就显露出来了.

美国在 20世纪 50 年代中期也发明了一种巧妙的摄影术: 它利用一根可弯曲的、由几十万束细如发丝的"纤维"组成的管子. 这种纤维叫做"光学玻璃",每根可传送一点位置上的光线. 如果把纤维随机地绕卷起来,其两端会呈现不同的图像结构: 在其中一端摄入一个打印符号的图像,在另一端显现的是一个完全认不出的乱像. 现在把纤维束管的两端固定,然后扭转其中间部分,则有可能使纤维束的两半部分的扭曲形状相同,从而其两端将会呈现同样的图像结构. 这时把纤维束管从中间一截为二,其中的一半就可以用来对图像摄影. 得到的底片上的黑点分布图案是杂乱无章的,不可能辨别出究竟是什么图像;只有通过另一半纤维束管来看它,才能看到原来的规则的图像.

以下所介绍的方法虽然也可以说是奇怪的,但它们简单实用,因此您可以在实际中使用.

1 点码 (The Dot Code)

要使用这种码,您和您的朋友们必须有同样的卡片条,上面等间距打印了字母表. 为使加密快捷,字母表应按正常的顺序. 不过,如将字母表的顺序打乱,则可增加破解的难度. 带乱序字母表的卡片条的制作如下: 在一页纸上随机地打印一行字母表; 然后把该行剪下,粘贴

在一个卡片条上,令纸条的左端与行中第一个字母之间的距离约为 2.5 厘米:

H B F S T E Z K A J L G R C I Y U P D Q M V N X W O

用带行线的便条纸来产生点码密文. 如要加密 APPLE (苹果) 这一词: 把卡片条直接放在第一行下,纸条和信纸的左端对齐; 在该行字母 A 的正上方点一个点. 把卡片条移至下一行, 始终保持其左端与信纸的左边对齐, 然后在 P 的正上方点一个点. 用这种方法, 使得每个点的位置表示一个字母. 如果您使用的卡片条如上图, 那么 APPLE 这一词的点码密文看上去就是这样的:

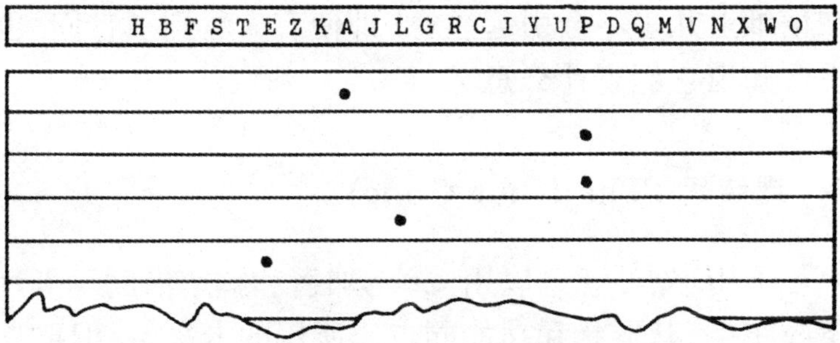

任何人,只要有一个与您加密时所用的完全一样的卡片条,就能轻松解密此点码密文.

为了掩饰点码的重要作用,您可以用一些无意义的线把这些点连起来,使得它们看上去像一张地图或某种示意图:

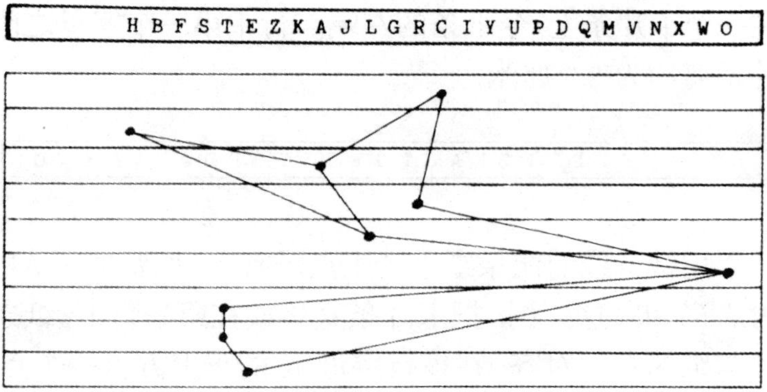

这种做法对于解密没有任何的影响. 不过, 要注意画线时不能有交叉. 因为交叉处可能被错误地当作点码. 上图中隐藏着一个词, 您能读出来吗?

另一种掩饰点码的方法是用细小的针孔来代替点. 现在, 您可以在信纸上打印或手写一封假信. 小针孔留在信纸上几乎不会引起注意. 即使有人看到了它们, 也不会知道它们有什么意义.

2 绳结码 (The Knot Code)

不用小点, 您可以用绳结! 加密和解密借助于卡片条或布条, 其形状和功能同点码所用的卡片条, 但要长得多, 因为在两个字母之间需要有更多的空间.

您已经猜出来它是怎么用的了? 把一段长绳在纸(布) 条上展开, 令绳头靠齐在条子的左端; 在对应于信

文的首字母之处打一结, 把结拉紧; 现在把该结移至条子的左端,并在对应于信文的第二个字母之处打第二个结; 按此方法继续处理信文中的其他字母. 等全部完成之后, 您就会有一根打满了结的长绳, 而且结的分布看上去是随机的. 如果您的信文很长, 您就需要用很长的绳. 把绳寄送给您的朋友. 当然, 他需要有一个与您所使用的完全一样的卡片条或布条, 才能解密读到信文.

谁会怀疑一根打满了结的长绳中藏有信文? 这是一种古老的传信方法, 而且曾经被使用了许多次.

3　扑克牌码 (The Playing Card Code)

这是用一副扑克牌来载传秘密信文的不同寻常的方法. 扑克牌的背面须有图纹, 以使 52 张牌能按相同方向的背面图纹排列. 此外, 您和您的朋友应商定好扑克牌的叠放顺序. 比如说, 从上到下的顺序是这样的: 先是黑桃 A 到 K, 接着依次是红心、草花和方块, 皆从 A 到 K.

将扑克牌按规定的顺序叠放好后, 令其四边对齐, 再用一只手紧紧握住, 另一只手拿铅笔, 在牌叠的四周写字: 用大写字母, 所有的横画和竖画均应斜写, 方向一致. 如下图所示:

拿掉半副扑克牌并令其头尾调转,以使两半的背面图纹正好相对,然后洗牌;如此洗牌数次,这时牌叠四周的文字已完全看不出.这其实是一种换位加密方法,但它把每个字母的细小部分都混合了起来,这又很像本章开头所介绍的"光学纤维束管"的方法.把字母的竖画和横画斜着写,这是为了使信文的置乱更有效.

收到这副扑克牌的人把牌按约定的顺序叠放,并令其背面图纹的方向一致.然后他就可以读到写在牌叠四周的文字了.他现在可以把上面的铅笔文字擦了,然后在同样的牌叠上写下回复文字,再把扑克牌洗乱后送回.

4 红蓝码 (The Red-Blue Code)

许多文具店出售一种红色的玻璃包书纸,它可以用来即时解密信文、地图、设计图或任何您想写和画在一页纸上的内容.

先用一枝红笔在纸上写一篇假信文或作一幅伪画,然后用一枝细笔尖的蓝笔在同一张纸上写密文.用力要尽量小,使得画出的蓝线很淡.在粗深的红线中,蓝色的字迹几乎看不出来.要确保蓝笔直接写在红线内,不要写在信纸的空白处.

要看蓝笔写的内容,需把红色的玻璃包书纸覆在信纸上.像变魔术一样,红线不见了,而原本淡淡的蓝线却清晰地显示出来.

5　蜡笔覆盖 (The Crayon Cover)

用一枝铅笔轻轻地写密文，使写出来的字母尽可能地淡．写完后用彩色蜡笔在纸上涂擦，以把文字遮盖起来．为了把您写的内容完全遮住，可用多种颜色的蜡笔在上面画一幅画，比如说一幅有着蓝天和绿草的风景画．要确保每个字母都已被颜色遮盖．

收信者要读出信文，需用一把锋利的小刀把纸上那层彩色蜡刮去，信文就显现出来了！

6　折痕码 (The Crease Code)

把一页打印机用纸折成三折，其样式如下图所示．把纸打开，沿两道折痕竖着写下您的信文:

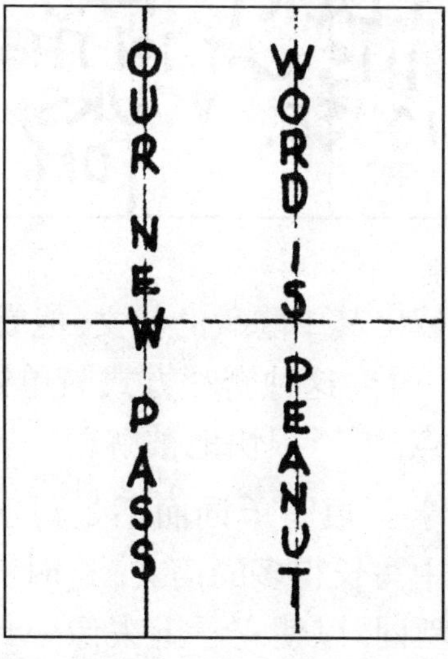

图中文字的意思为: 我们的新口令是 PEANUT

在这些字母的两旁加上哑字母, 以形成哑词. 最好用那样一些词, 使得这页纸读起来像一封信, 其中在讲一些与密文没有任何关系的事. 例如:

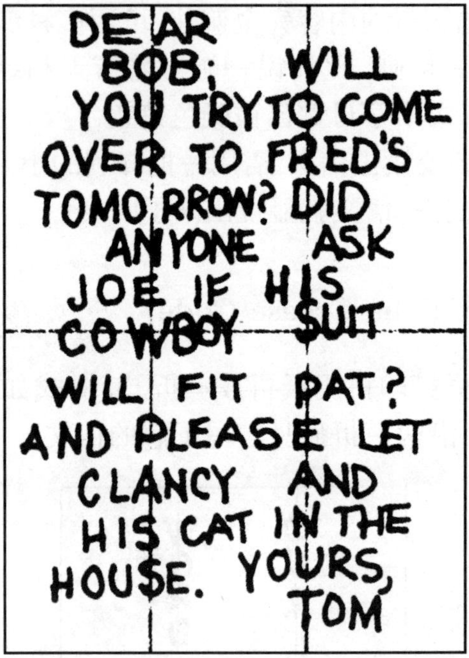

收信者要读出其中隐藏的信文, 他就应该眼睛顺着竖直的折痕往下看. 这种密写方式简单得出奇, 但它有一个很大的优点, 可以很快地被解密.

您可以沿着折痕写单词而不是写字母, 这样您就可以在一页纸中写长得多的信文. 这时就需要在 "折痕词" 之间填上哑词, 以使它看上去像一封信. 以下两图所示的例子中, 纸上的折痕是三道而不是前面的两道:

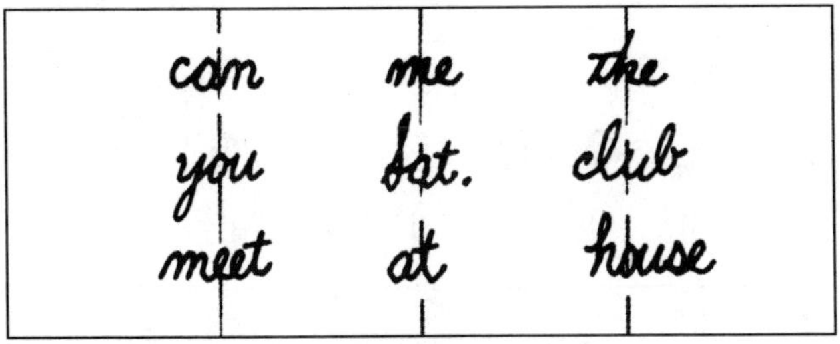

图中文字的意思为: 你能否周六在俱乐部与我会面

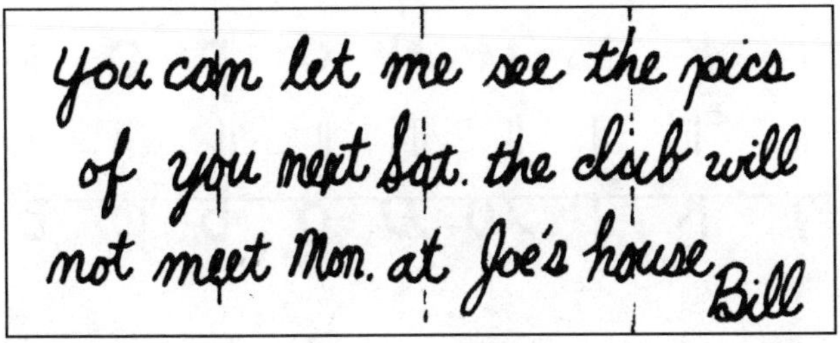

7 瑞吉尔调酒棒码 (The Swizzle Stick Code)

塑料或玻璃制的透明搅棒, 有时被叫做 "瑞吉尔调酒棒", 在任何一家小店铺里都能买到, 它们被用来搅和饮料. 把一根这样的棒水平拿着放在一行文字上, 逐渐靠近但不要碰到纸, 并通过透明的玻璃或塑料看这些文字. 您会看到一些奇怪的符号. 此棒就像是块柱面透镜, 它把每个字母都上下颠倒, 同时形成了一种镜像. 基于这一原理, 本人在多年以前发明了一种别出心裁的加密方法.

用替换加密法写密文, 所用的替换字母表如下图所示:

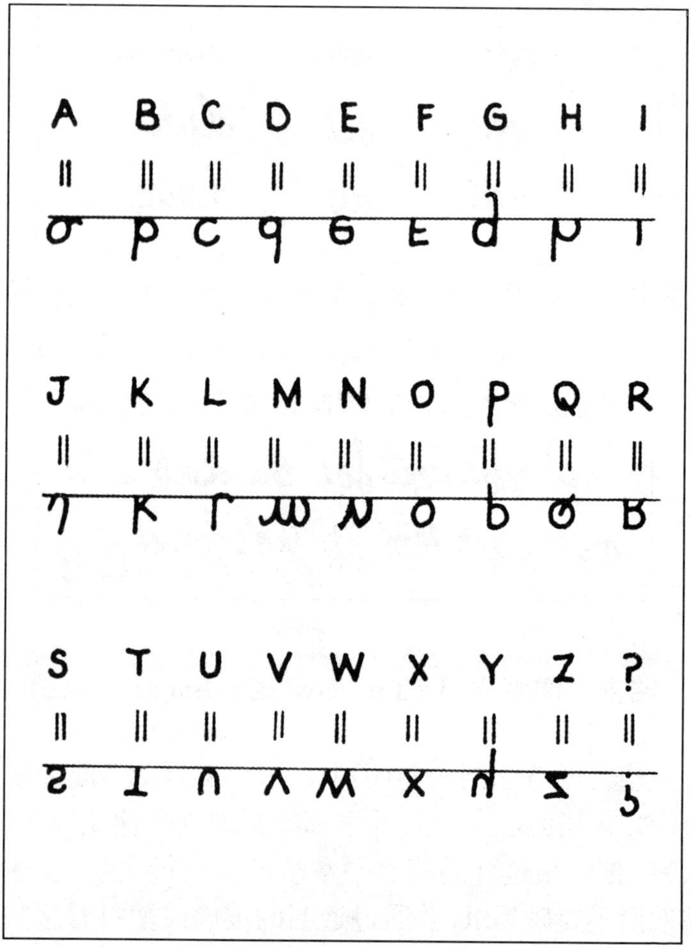

请注意，字母表中对应的加密符号上有一根细细的横线，以下所示的密文中也有这样的一根横线．在您写密文之前，最好先用铅笔画上一道细细的横线．它会帮助您把密文符号对齐，这样在解密时，这些符号看上去就不会显得很怪．

写出来的一段密文会像是这样:

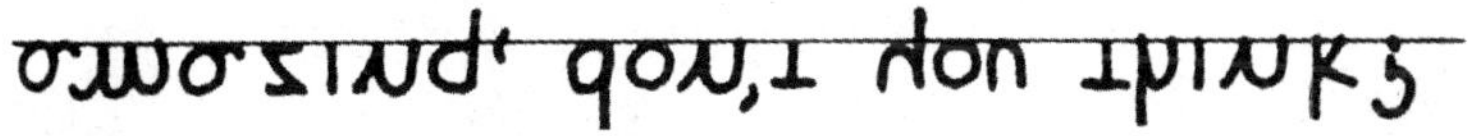

只要通过一根瑞吉尔调酒棒,就能立即解密读出信文! 如果您的家中正好有一根透明的搅棒, 拿它来试试, 看看它是如何奇妙地把信文显示出来的.

如果手中没有透明搅棒,那么还有两种其他的方法来解读密文. 一种方法是把信纸倒过来拿, 并且把它对着一面镜子. 另一种方法——如果密文是写在一页薄信纸上的话——是把信纸翻过来, 并使文字上下颠倒, 然后把信纸对着强光, 使得您能够透过信纸读出文字.

第八章　用 0-1 编码与地外世界通信

迄今为止所介绍的全部密码方法, 都是为了给任何懂英文的人增加读信文的困难, 除非他知道解密的方法. 本章将讨论一个几乎是完全相反的问题: 我们如何传送信文, 使其尽可能容易地被读懂, 甚至被那些不会我们语言的人读懂? 其实, 信文的接收者甚至可能不是一个地球人!

目前有许多天文学家、数学家和语言专家正在加紧研究这一通信问题. 它涉及如何向那些可能有智慧生命的星球发送信文, 或接受从那里发来的信文.

天文学家们现在相信, 在我们太阳系中其他任何行星上极不可能有智慧生命存在. 20 世纪早期, 远在我们的太空探测器开始拍摄火星近景照片之前, 许多天文学家相信在火星上居住着智慧生命. 也许您已经读过埃德加 · 莱斯 · 伯勒斯 (Edgar Rice Burroughs) 写的关于火星人 (Martians) 的系列小说; 或读过 H. G. 威尔斯 (H. G. Wells) 写的小说《大战火星人》(*The War of the Worlds*), 此书后来被奥逊 · 威尔斯 (Orson Welles) 改编成著名的电台广播剧, 其中描写了虚构的火星人入侵地球的行动.

在火星人的存在看来是有现实可能性的日子里, 许多科学家考虑着这样的问题: "我们如何向火星传送信文, 以让火星人知道我们的存在?" 有一个方案是制作一个巨大的探照灯, 令其不停地闪亮以发出信号, 而火星人则可以用望远镜来发现这个信号. 另一个方案是建造一条由巨大灯炮组成的长链, 让它摆出一个简单的几何图形: 如正方形或圆, 也可以是某个几何基本定理的证明图.

例如, 毕达哥拉斯定理 (勾股定理) 是说, 每个直角三角形的斜边平方等于另外两条边的平方之和. 这是平面几何中最重要的定理, 所以如果火星人懂得几何学, 并且他们通过望远镜看到如下页图中形状的图形, 他们就会立即明白其中的含义.

今天的天文学家不再相信有火星人、金星人、木星人或土星人的存在. 但是, 在我们的银河系中围绕着其他恒星转的行星上的情况又如何呢? 在那里是否会有智慧生物出现? 没有人知道确切的答案, 但大多数天文学家认为答案是肯定的. 如果那里有智慧生物存在, 他

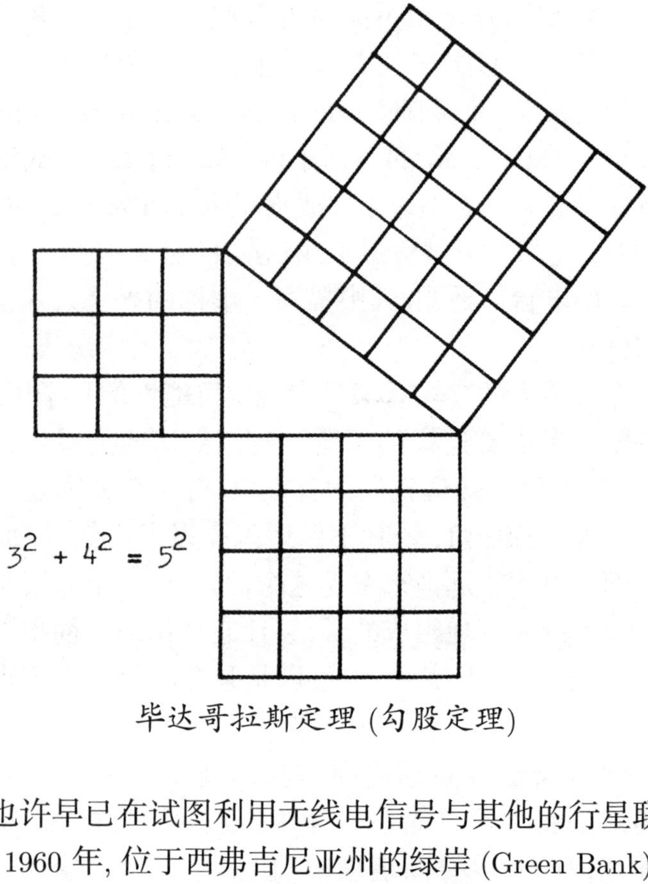

毕达哥拉斯定理 (勾股定理)

们也许早已在试图利用无线电信号与其他的行星联系了. 1960 年, 位于西弗吉尼亚州的绿岸 (Green Bank) 天文台开始用一台大型射电望远镜来搜寻这种信号. 该项行动以奥兹国公主[①]的姓命名, 叫做 "奥兹玛计划" (Project Ozma). 但并没有发现任何信号, 此项计划已被放弃. 然而, 在美国用其他的射电望远镜进行侦听的活动还在继续, 包括苏联在内的其他国家也在进行同样

[①]源于美国作家弗兰克 · 鲍姆 (L. Frank Baum, 1856—1919) 所写的系列童话故事《OZ国历险记》(又叫《绿野仙踪》).——译注

的活动.

如果我们收到了从外太空传来的一连串无线电波的嘟嘟声,那我们怎样才能知道这是从智慧生物那里来的,而不是因某种自然原因产生的无线电“噪声”?换句话说,如果我们试图用无线电信号与另一行星上的生命联系,那我们应该怎样做才能吸引那里收听者的注意,使他们马上明白有人在试图与其交谈?

最简单的方法是以计数的方式发送整数 1,2,3,4,5,···先是一声“嘟”,接着“嘟–嘟”,然后是“嘟–嘟–嘟”,就这样一直下去.很难想象这样的一连串信号不是由具有计数能力的生灵发出的,而任何行星上的计数都相同.如果在遥远的行星——让我们称之为“泽塔行星”(Planet Zeta)——上,居住者要数星星,数鹅卵石,或者数像他们一样的其他生物,以及数任何的按不同的单位出现的事物的总数.他们的数法会和我们的完全一样.当然,他们可能会采用不同的进位制来记录他们的数.如果他们有 12 个指头而不是 10 个,则他们可能会采用 12 进制以取代 10 进制.但是,当用一连串的嘟嘟声来传送计数时,究竟采用哪一种进位制来记录数是无所谓的.

一旦我们通过一连串的计数声引起了泽塔星人的注意,我们就能告诉他们,用怎样的嘟嘟信号来表示“加、减、乘、除”和“等于”.比如说,我们发出嘟–嘟,暂停,发一个表示“加”的嘟信号,暂停,发出三个嘟,暂停,发出一个表示“等于”的信号,暂停,然后是 5 个嘟.因为泽塔星人已经知道 2 加 3 等于 5,所以他们会猜到其中第二个信号表示 “加”, 而第 5 个信号表示 “等于”. 用类似的方式, 我们可以告诉泽塔星人其他算术运算的表示信号. 零很重要. 我们可以通过发送诸如 $8+0=8, 0+7=7, 5\times 0=0, 0+0=0$ 之类的方程式, 来告诉他们, 我们用哪个信号来表示零.

现在来到了最关键的一步, 我们不停地发送一个像 $31\times 41=1271$ 的方程, (之前需要告诉他们进位的概念, 这样我们就无需用 1 271 个嘟声来表示 1 271 这个数了!) 然后我们发出一串只有 0 和 1 这两种符号的数字, 正好有 1 271 位, 表面上看是随机的. 我们要不断重复地发出这串数字. 也许泽塔星人会把它记录下来, 不停地把玩它, 认真地思考: 它究竟意味着什么?

于是, 如果泽塔星人已聪明到会制造仪器来接收从远方行星传来的无线电信号, 那他们很可能也已聪明地知道如何用 1 来表示黑格子, 用 0 表示空格子, 以此方式在一个矩形格子阵中扫描产生各种图像. 确实, 他们观察世界的方式可能与我们的不同. 因此, 我们称之为 “黑” 的东西也许并不适合他们的感觉, 但这并不要紧. 要紧的是, 他们能够区分 1-格子和 0-格子. 正是由于这种技术, 使得报纸的新闻图片能通过无线电波传送, 电视机屏幕上能出现图像, 我们的太空探测器所拍摄的月球和火星的照片也能传回地球. 这种技术是如此的简单和明显, 泽塔星上的科学家一定会掌握它.

现在您已经猜到了 1 271 这个数的意义? 它有两个素数因子: 31 和 41. 素数就是只能被自己和 1 除尽的正整数. 因此在这里, 31 和 41 是 1 271 仅有的两个因

子 (除数), 这两个因子暗示了一个有 31×41 个格子的矩阵, 这是唯一的正好有 1 271 个格子的矩阵.

泽塔星人当然不知道我们所使用的扫描路径, 它是按行从左到右进行, 还是从右到左? 或是按列从上到下进行? 也许是来回穿行像犁路? 也有可能是螺旋线? 泽塔星上的密码专家们首先会尝试最简单的路线, 就像地球上的密码专家在破解基于矩阵路线的换位加密法时所做的那样 (见本书第一章). 我们发出的第一幅扫描图像应该是某种不太复杂的、基本的图像, 比如说三角形或圆. 一旦泽塔星人发现了能产生这种图像的扫描路线, 他们就会马上理解我们的扫描方法.

自此以后, 我们就能发送出各种图像来传达复杂的信息. 我们在传送每幅图像的同时, 还要传送关于该图像的文字说明的图形. 最后, 我们将能继续传送动态的图像甚至电影, 以交流更复杂的思想.

下面的图像为伯纳德 · M. 奥利弗 (Bernard M. Oliver) 所画, 是从他为《星际通信》(*Interstellar Communication*) 一书写的文章上复制下来的, 该选集由卡美隆(A. G. W. Cameron) 编辑. 它用一串 1 271 位的由 0 和 1 组成的数字, 来扫描一个有 1 271 个格子的 31×41 矩阵, 以表示一幅图像. (正是由于这幅图像, 所以我也采用了同样尺寸的矩阵作为例子.) 奥利弗在他的文章中把整串数字写了下来: 1000000··· 按通常的阅读顺序, 从左到右、从上到下地逐行扫描. 其开头的 7 位数字表明: 在第 1 行的第 1 个格子中有一个黑点, 而后面的 6 个格子是

空的:

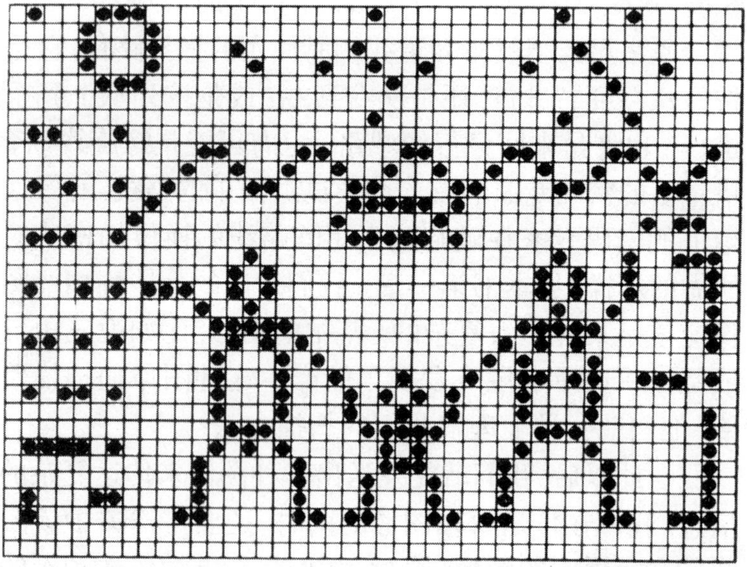

我们可能收到的从另外一个行星上传来的编码图像①

我们很有可能从太空中接收到这样的图像,它或许来自火星.奥利弗这样解释他的图像:

"显然,与我们打交道的是一类直立的双足生物.他们通过性来繁殖.甚至有迹象表明他们是哺乳动物.左面那个粗糙的圆及一列点看来是他们的太阳和行星系统.那人形用手指着第 4 颗行星,显然是指他们所居住的星球.这些行星由左边的二进制编码来计数,其位值的增加方向是从左到右,且在起首处上有一个小数点记号,标志着计数开始的位置.从第 3 颗行星开始的波浪

①该图像与作者在文中所做的说明并不完全一致.如它的行数和列数不是 31 和 41,而且第一行开头的 7 个数字也不是 1000000.——译注

线表明在该星球的表面覆盖了水，而类似鱼的形状则指示那里有海洋生物. 双足生物知道这些情况，说明他们一定有了太空旅行. 顶端的示意图可认作是氢原子、碳原子和氧原子，因此他们的生命是基于碳水化合物. 右边人形举起的手臂上有一个二进制数 6，这表明他们有 6 个指头并且采用 12 进制数系. 最后，右下部那条尺度线表明该人形的身高是某物的 11 倍. 因为我们接收到该信号的无线电波长为 21 厘米，而这是我们双方均知道的唯一长度，因此我们得出结论：该人形的身高是 231 厘米，即有 7 英尺."

不幸的是，我们无法与泽塔星人互相交谈，就像我们在地球上用电话互相交谈一样. 那些星球离我们太远了. 离我们最近的恒星系——半人马座 α 星及其伴星——有 4 个多光年的距离. 这意味着，如果泽塔星在绕着离我们最近的那颗恒星转，那我们将几乎要等 9 年才能收到他们的回答. (无线电波的速度同光速.) 不过，在这 9 年之中，我们和泽塔星人之间可以互相传送大量的编码信息.

我们无法预知泽塔星人对我们是友好还是敌视. 他们也许在智力和技术上已远远超过我们，因而一旦知道我们的存在，他们就会派一艘太空船来搜集一些人类的样品带回去做实验或关进动物园.

就在不久前，有人问著名的中国物理学家杨振宁：一旦我们从太空中收到了明白无误的无线电信号，那该怎么办？他的回答是：不要回答它.

进一步阅读的书

密码学历史

[1] David Kahn. *The Codebreakers* (密码破解者). Macmillan, 1967. 此书有 1 164 页, 是迄今为止最准确最完整的密码学历史著作.

[2] Fletcher Pratt. *Secret and Urgent* (秘密的与紧迫的). Bobbs-Merrill, 1939; Doubleday, 1941. 关于密码学一般历史的最好的早期著作.

[3] Dan Tyler Moore and Martha Waller. *Cloak and Cipher* (斗篷与密码). Bobbs-Merrill, 1962. 又一本通俗密码学历史著作.

[4] Major Herbert Osborne Yardley. *The American Black Chamber* (美国的黑室). Bobbs-Merrill, 1931. 由美国最著名、最具传奇色彩的密码分析专家写的, 关于 1919—1928 年期间发生在美国密码学界中的轰动故事. [Yardley 另有

一部著作 *The Chinese Black Chamber : An Adventure in Espionage* (中译本《中国黑室: 谍海奇遇》, 军事译文出版社, 1985) 讲述了作者在中国抗日战争期间受国民党情报部门聘请破译日本密码的惊险经历. ——译注]

[5] Barbara W. Tuchman. *The Zimmermann Telegram* (齐默尔曼电报). Viking, 1958. 关于第一次世界大战期间著名的德国人电报的故事, 它的密码是如何被英国情报人员破解的.

[6] Ladislas Farago. *The Broken Seal* (破裂的封条). Random House, 1967. 讲述美国和日本 20 年来的间谍活动和破解密码的工作. 其中包括了美国破解日本人在第二次世界大战中使用的机器密码.

密写方法

[7] James Raymond Wolfe. *Secret Writing* (密写). McGraw-Hill, 1970.

[8] John Laffin. *Codes and Ciphers* (密码与加密). Abelard-Schumann, 1964.

[9] Laurence Dwight Smith. *Cryptography* (密码学). Norton, 1943; Dover paperback, 1955.

[10] Alexander D'Agapeyeff. *Codes and Ciphers* (密码与加密). Oxford University Press, 1932.

[11] André Langie. *Cryptography*, translated from the French by J. C. H. Macbeth (密码学, 译自法文). Constable & Co., London, 1922.

[12] Henry Lysing (John Leonard Nanovic 的笔名). *Secret Writing* (密写). David Kemp, 1936. 这是为儿童写的书.

[13] William F. Friedman. "Cryptology" (密码学). 这是作者为《大英百科全书》(*The Encyclopaedia Britannica*) 写的条目, 见于该书 1929 年以后的各种版本. 这是世界上最伟大

的密码分析专家的经典文章.

[14] David Kahn. "Cryptology" (密码学). 这是作者为 1970 年版的《美利坚大百科全书》(*The Encyclopedia Americana*) 写的条目.

密码破解

[15] Helen Fouché Gaines. *Cryptanalysis* (密码分析). Dover, 1956. 这是该书 1939 年版的平装重印本, 但仍然是关于密码破解技艺的最好著作.

[16] Abraham Sinkov. *Elementary Cryptanalysis* (密码分析入门). Random House, paperback, 1968.

[17] Donald Millikin. *Elementary Cryptography* (初等密码学). New York University Bookstore, 1943.

[18] Jack M. Wolfe. *A First Course in Cryptanalysis* (密码分析基础). Brooklyn College Press, 1943.

密码狂想

[19] William F. Friedman and Elizabeth S. Friedman. *The Shakespearean Ciphers Examined* (检验莎士比亚的密码). Cambridge University Press, 1957. 此书试图发现隐藏在莎士比亚剧作中的密码信息, 这当然是一种误导性的研究工作.

星际通信

[20] I. S. Shklovskii and Carl Sagan. *Intelligent Life in the Universe* (宇宙中的智慧生命). Holden-Day, 1966; Dell paperback, 1971.

[21] Walter Sullivan. *We Are Not Alone* (我们并不孤单). McGraw-Hill, 1964; Signet paperback, 1969.

[22] Alistair G. W. Cameron. *Interstellar Communication* (星际通信). W. A. Benjamin, 1963.

[23] Martin Gardner. "Extraterrestrial Communication" (关于外星人的通信). 见《加德纳数学游戏》系列丛书第 6 部第 25 篇 (W. H. Freeman, 1971).